油气藏储藏特征及页岩气储层改造与相关岩石工程技术

陆有忠 著

U0196311

中国建筑工业出版社

图书在版编目（CIP）数据

油气藏储藏特征及页岩气储层改造与相关岩石工程技术/陆有忠
著. —北京：中国建筑工业出版社，2018.12
ISBN 978-7-112-22738-9

Ⅰ.①油… Ⅱ.①陆… Ⅲ.①油页岩-油气勘探-研究②油页岩-
油气开采-研究 Ⅳ.①P618.12②TE34

中国版本图书馆 CIP 数据核字（2018）第 223766 号

本书以非常规油气藏储藏特征与页岩气储层改造及相关岩石工程技术理论为
背景，采用数值分析技术和优化理论，并结合现场监测、室内试验与工程实践，
对相关理论和技术进行了较为详尽的研究与探索。
本书可供岩土工程、石油工程、深部岩体与常规非常规油气开采、地质勘探
等专业的技术人员、科研人员参考。

责任编辑：王 梅 杨 允
责任校对：王 瑞

油气藏储藏特征及页岩气储层改造与相关岩石工程技术
陆有忠 著
*
中国建筑工业出版社出版、发行（北京海淀三里河路 9 号）
各地新华书店、建筑书店经销
北京科地亚盟排版公司制版
北京富诚彩色印刷有限公司印刷
*
开本：787×1092 毫米 1/16 印张：9 字数：223 千字
2018 年 12 月第一版 2018 年 12 月第一次印刷
定价：**99.00** 元
ISBN 978-7-112-22738-9
（32836）

联合基金资助

江西省教育厅科学技术研究项目（GJJ170913）
宜春学院地方发展研究中心项目（DF2018020）
宜春学院博士科研启动基金

前　言

　　本书以油气藏储藏特征与页岩气储层改造及相关岩石工程技术理论为背景，采用数值分析技术和优化理论，并结合现场监测、室内试验与工程实践，对相关理论和技术进行了较为详尽的研究与探索。

　　本书的研究内容是作者本人在博士（岩土工程专业）毕业以后和博士后（土木工程专业）在站研究期间与出站以来长期探索的结果。特别感谢博士后合作导师黄克智院士、何满潮院士的热心帮助和无私指导。

　　我很荣幸曾经因工作原因与黄克智院士合作，黄院士作为老一辈的杰出科学家，其渊博的知识、敏锐的判断、勇于开拓的探索精神、深邃独到的科研理念、严谨求实的治学态度以及对事业的无比热爱……是我们后辈学习的永恒楷模和典范！

　　作为深部开采领域的大师、能得到何满潮院士的指导，也是我人生莫大的荣幸：大师风范是指引我人生前行的明灯！

　　在从事博士后研究期间，得到了我的博士导师、北京科技大学高永涛教授，课题组吴顺川教授、中国矿业大学（北京）单仁亮教授、杨晓杰教授、中国华电集团主任级高级工程师马良荣师兄、北京安科兴业科技股份有限公司副总经理季毛伟师弟、中国铁科院高级工程师柴金飞师弟等人的热情帮助与大力指导，在此表示由衷的感谢。特别感谢中国华电集团新能源项目组、"深部岩土力学与地下工程国家重点实验室（北京）"所提供的材料与实验支持。

　　感谢宜春学院给予我帮助的领导和同事！

　　感谢我的家人给我的鼓励与支持！

　　感谢中国建筑工业出版社的王梅主任与杨允老师！

　　对在研究过程中参阅的所有文献的著（作）者表示崇高敬意和致谢！

　　由于作者水平有限，书中无疑存在缺点和不足，恳请专家学者不吝批评和赐教！

陆有忠

2018 年 6 月于江西宜春学院

目　　录

第1章 概　　论

1.1　背景知识

随着我国国民经济的高速发展，我国能源供应不足的矛盾日益凸显。据统计，2017 年我国原油供给的对外依存度达到 67.4％[1-4]，预计至 2020 年我国原油供给的对外依存度将超过 70％，天然气进口将达到 800 亿 m³。经过半个多世纪的油气勘探，我国油气储量与产量均表现出逐年增长的趋势，但这仍然不能满足我国油气消费过高过多的需求，为进一步缓解我国油气的供需矛盾，积极寻找新的接替能源势在必行[5]。

经过对全球不可再生能源的勘探开发现状分析后发现，页岩气是最现实的常规油气资源的重要接替资源之一。页岩气是指以吸附和（或）游离状态赋存于富有机质页岩底层中，具有商业价值的生物成因和（或）热成因的非常规天然气[6-10]。

页岩气作为一种清洁非常规能源，得到一些发达国家的高度重视和大力发展，尤其是美国对页岩气的开发利用，不仅改变了美国的能源结构，也改变了世界能源格局。美国因为页岩气开发历史悠久且多产，使得目前美国成为天然气净出口国[11-17]。

我国拥有丰富的页岩气资源，国土资源部油气资源战略研究中心对我国页岩气资源初步评价显示，中国陆域页岩气地质资源潜力约为 134 万亿 m³，可采资源潜力约为 25 万亿 m³（不含青藏地区）[2]，与美国相当。美国能源信息署评估我国页岩气可采资源为 31 万亿 m³，约占世界总量的 20％，居世界首位。

党中央、国务院高度重视页岩气资源。党的"十九大报告"特别指出"发展清洁能源是改善能源结构、保障能源安全、推进生态文明建设的重要任务。"国务院于 2014 年 6 月 7 日发布的《能源发展战略行动计划（2014～2020）》中"大力发展天然气"要求按照陆地与海域并举、常规与非常规并重的原则，加快常规天然气增储生产，尽快突破非常规天然气发展"瓶颈"，促进天然气储量产量快速增长。重点突破页岩气和煤层气开发。加强页岩气地质调查研究，加快"工厂化"、"成套化"技术研发和应用，探索形成先进适用的页岩气勘探开发技术模式和商业模式，培育自主创新和装备制造能力。着力提高四川长宁-威远、重庆涪陵、云南昭通、陕西延安等国家级示范区储量和产量规模，同时争取在湘鄂、云贵和苏皖等地区实现突破。到 2020 年，页岩气产量力争超过 300 亿 m³。以沁水盆地、鄂尔多斯盆地东缘为重点，加大支持力度，加快煤层气勘探开采步伐。积极推进天然气水合物资源勘查与评价。加大天然气水合物勘探开发技术攻关力度，培育具有自主知识产权的核心技术，积极推进试采工程。

1.2 有关专业基础知识介绍

1.2.1 天然气

从广义的定义来说，天然气是指自然界中天然存在的一切气体，包括大气圈、水圈、生物圈和岩石圈中各种自然过程形成的气体。而常用的"天然气"定义，是从能量角度出发的狭义定义，是指天然蕴藏于地层中的烃类和非烃类气体的混合物。天然气包括常规天然气和非常规天然气两类[1,2]。

（1）常规天然气

能够用传统的油气地质理论解释，并能够用常规技术手段开采的天然气，称为常规天然气。常规天然气一般赋存于圈闭内物性较好的储层中，不经过改造就能开发、生产和利用。

（2）非常规天然气

非常规天然气指难以用传统石油地质理论解释，不能用常规技术手段开采的天然气。储层具有低孔、低渗、连续成藏的特点，必须对储层进行改造才能开采。非常规天然气主要有：页岩气、煤层气、致密砂岩气、天然气水合物等（图 1.1）。

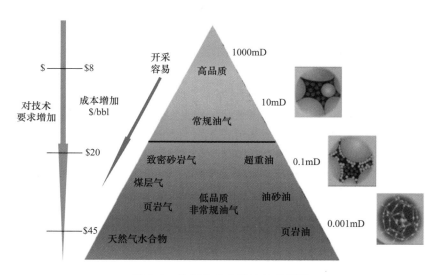

图 1.1 常规和非常规油气关系图

1.2.2 页岩气

页岩气是指赋存于富有机质泥页岩及其夹层中，以吸附或游离状态为主要存在方式的非常规天然气，成分以甲烷为主[3,4]。

页岩气的主要特点：页岩气以热解或生物成因为主，主要以吸附状态和游离状态两种形式存在于页岩孔隙、裂隙中（图 1.2）。页岩气藏具有自生自储、无气水界面、大面积连续成藏、低孔、低渗等特征，必须采用先进的储层改造工艺才能实现页岩气的商业性开发。

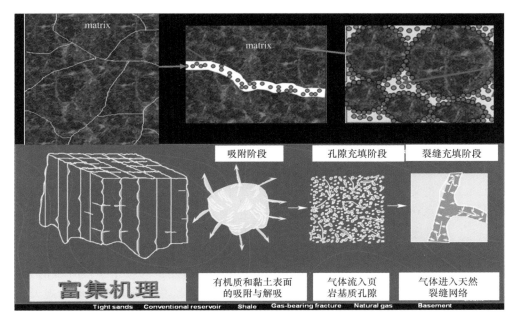

图 1.2　页岩气富集示意图

页岩主要分类如下：

（1）页岩：是成分较复杂且具薄页状或薄片状层节理的黏土岩，是弱固结的黏土经较强的压固作用、脱水作用、重；结晶作用后形成。用锤打击时，很容易分裂成薄片。颜色有绿、黄、红等多种。它的成分除黏土矿物外，尚混入有石英、长石等碎屑矿物及其他化学物质。

（2）钙质页岩：是富含 $CaCO_3$ 的页岩，滴稀盐酸起泡，岩石 $CaCO_3$ 含量不超过25%，若超过 25% 即成为泥灰岩。常见于陆相红色地层及海相钙泥质岩系中。

（3）铁质页岩：是含少量铁的氧化物、氢氧化物、碳酸盐（菱铁矿）及铁的硅酸盐（鲕绿泥石、鳞绿泥石）的页岩。常呈红色或灰绿色。产于红层、煤系地层及海相砂泥质岩系中。

（4）硅质页岩：是富含游离 SiO_2 的页岩。若岩石中游离 SiO_2 含量增高，即向生物化学成因的硅质岩过渡。它比普通页岩硬度大，常与铁质岩、锰质岩、磷质岩及燧石等共生。成因有生物的、火山的与化学的。

（5）黑色页岩：是富含有机质及分散状黄铁矿的页岩。外貌与炭质页岩相似，但不污手。厚度大时，可成为良好的生油岩系，它是一种循环极差的停滞水环境（如深湖、深海、淡化潟湖等）的沉积产物。

（6）炭质页岩：是含大量分散的炭化有机质的页岩。能污手，但含灰分高，故不易燃烧。常形成于湖泊、沼泽环境，与煤层共生。

（7）油页岩：是棕色至黑色纹层状页岩。含液态及气态的碳氢化合物，含油率一般为

3

4%～20%，最高可达 30%，质轻，具油腻感，用指甲划刻时，划痕呈暗褐色。用小刀沿层面切削时，常呈刨花状薄片。用火柴燃点时冒烟，有油味。根据以上特征可区别于炭质页岩。油页岩主要是低等生物遗体及黏土物质在闭塞海湾或湖泊环境中共同埋藏后，在还原条件下转化形成。

1.2.3　致密砂岩气

致密砂岩气简称致密气。一般指赋存于孔隙度低（<10%）、渗透率低（<0.5md 或<0.1md）砂岩储层中的天然气，一般含气饱和度低（<60%）、含水饱和度高（>40%）。致密砂岩气一般归为非常规天然气，但当埋藏较浅、开采条件较好时也可作为常规天然气开发。

与常规天然气藏相比，致密砂岩气藏还具有以下重要特征：

（1）地层压力异常。原生致密砂岩气藏都属超高压，由于盆地后期抬升运动，气藏会逐步变为常压或负压。

（2）气、水关系复杂。油、气、水的重力分异不明显。

1.2.4　煤层气

煤层气，是指赋存在煤层中以 CH_4 为主要成分、以吸附在煤基质颗粒表面为主、部分游离于煤孔隙中或溶解于煤层水中的烃类气体，是煤的伴生矿产资源，属非常规天然气。

煤层气属于自生自储式，煤层既是气源岩，又是储集岩。煤层气主要以吸附态赋存于煤孔隙中（70%～95%），少量以游离状态自由地存在于割理和其他裂缝或孔隙中（10%～20%），极少量以溶解态存在于煤层内的地下水中。煤层气具有特有的产出机理：排水—降压—解吸—采气，煤层气井通过排水来降低储层压力，使得 CH_4 分子从煤基质表面解吸，进而在浓度差的作用下由基质中的微孔隙扩散到割理中，然后在割理系统中运移，最后在流体势的作用下流向生产井筒。

1.2.5　页岩气与常规天然气、煤层气、致密砂岩气的对比

生成条件相同。页岩气成藏的生烃条件及过程与常规天然气藏类同，泥页岩的有机质丰度、有机质类型和热演化特征决定了其生烃能力和时间[5]。

运移模式不同。页岩气成藏体现出无运移或短距离运移的特征，泥页岩中的裂缝和微孔隙成了主要的运移通道，而常规天然气成藏除了烃类气体在泥页岩中的初次运移以外，还需通过断裂、孔隙等输导系统二次运移进入储集层中。

储集层和储集空间不同。常规天然气储集于碎屑岩或碳酸盐岩的孔隙、裂缝、溶孔、溶洞中。页岩气主要储集于泥页岩层系黏土矿物和有机质表面、微孔隙中。

赋存方式存在差异。常规天然气以游离赋存为主，页岩气以吸附和游离赋存方式为主。

成藏条件不同。常规天然气需生、储、盖组合，页岩气属于自生自储，连续成藏。页岩气的成藏过程和成藏机理与煤层气极其相似，吸附气成藏机理、活塞式气水排驱成藏机理和置换式运聚成藏机理在页岩气的成藏过程中均有体现。

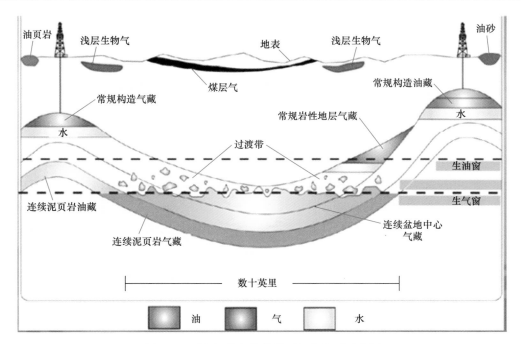

图 1.3　页岩气藏与其他类型气藏关系示意图

第2章　本课题研究的价值与意义

2.1　本课题研究的能源价值

　　天然气作为优质、高效、清洁的能源，能带给人类清洁的环境和高品质的生活，在世界各国得到普遍重视和优先利用。2014年起，我国治理大气环境污染的力度明显加大，对清洁能源的需求，尤其是天然气的需求快速增长。"十三五"期间，国家对能源结构优化，也将成为天然气消费的主要推动力，按照国务院能源战略发展行动计划，到2020年，天然气在一次能源消费中的比重将由目前的4%左右提高到10%以上。需求的持续高速攀升对天然气上游产业提出了新的挑战，要求中国石油天然气探明储量年增长必须持续保持在4000~5000亿 m^3 以上。天然气勘探的重大发现是解决储量问题的关键，科技创新是勘探突破的原动力。

　　我国长期以来重油轻气，这影响了对天然气的总体认识水平和勘探开发程度，虽然近年来不断有大型天然气田发现，但非常规天然气的研究一直处于滞后状态。页岩气等非常规天然气的开发利用程度，一定程度上反映了一个国家在能源领域中的科技进步水平。到目前为止，天然气在中国一次性能源消费结构中的比例只有3%~4%，但美国和世界其他主要国家的平均比例却为23%~24%，巨大的反差促使我们必须加快天然气勘探开发的进程。在天然气资源开发领域中，页岩气具有明显的优势，是目前北美国家、世界其他国家和地区影响作用最大、发展速度最快的新能源类型，是北美国家能源消费的主要构成之一。开展页岩气聚集机理和富集规律的探索研究，将对中国的能源产出和消费比例结构的改变产生重大影响。

　　根据国外经验，页岩气开采应该是补充解决中国天然气短缺的基本途径和重要方面。中国已在多处发现页岩地层中的气苗和气，潜力巨大的页岩气资源有望成为能源替代的重要领域。作为具有现实勘探和开发意义的非常规天然气，页岩气在横向和纵向上均拓展了油气勘探领域。横向上，页岩气研究已经将油气勘探领域扩大到了保存条件良好的传统盆地以外的残留盆地地区，仅在南方地区勘探面积就增加了 $2×10^6 km^2$。包括四川盆地在内的扬子地台是特提斯域富含油气带的向东延伸，是中国油气勘探中长期以来的重点攻关对象和目标，因为目前的页岩气基础地质理论研究不足，$2×10^6 km^2$ 分布面积的黑色页岩还未予以系统的勘探。扬子地台所在的南方地区是中国人口众多、经济发达但能源资源严重匮乏的地区，预测却是页岩气发育条件最好、规模最大的区域。在中国北方广大地区，也有发育规模的页岩气资源潜力区，由于相关页岩气地质基础理论研究还没有系统开展，页岩气地质条件研究仅仅停留在理论分析及少量的实验研究阶段。标志中国陆相油气地质特点的华北、东北和西北地区是中国油气工业的重要支柱，目前已分别在渤海湾、鄂尔多斯、吐哈等盆地和传统概念的"含油气盆地"外围发现了良好的页岩气显示。纵向上，盆地内的页岩气勘探延伸到了新的区域，一系列通常只被作为烃源岩或盖层的"非油气勘探层系"将成为页岩气勘探的新目标，向泥页岩地层中延伸的油气勘探新层系将有可能使油气勘探目标延伸至烃源岩、储集层在内的所有层系[8-11,15]。

2.2　本课题研究的地质价值

加快页岩气开发研究将积极影响和促进广义的地质研究。

（1）页岩气多重成藏机理：页岩气的赋存状态多种多样，除极少部分呈溶解状态赋存于干酪根、沥青和结构水中外，绝大部分天然气以吸附状态赋存于有机质颗粒的表面，或以游离状态赋存于孔隙和裂缝之中。从总体统计来看，页岩中的吸附气含量介于 20%～85% 之间，吸附气和游离气含量大约各占 50%，含气量大小与有机质的含量密切相关。因此从赋存状态观察，页岩气介于煤层吸附气（吸附气含量在 85% 以上）、根缘气（致密砂岩气，吸附气含量小于 20%）和常规储层气（含裂缝游离气，但吸附气含量通常忽略为零）之间（图 2.1）。

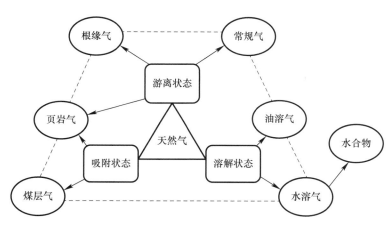

图 2.1　天然气富集机理类型

页岩气的存在说明了天然气聚集机理递变的复杂特点，即天然气从生烃初期时的吸附聚集到大量生烃时期（微孔、微裂缝）的活塞式运聚，再到生烃高峰时期（较大规模裂缝）的置换式运聚，运移方式还可能表现为活塞式与置换式两者之间的过渡形式。上述一系列作用过程的发生使页岩中的天然气赋存相态构成了从典型吸附到典型游离之间的序列过渡，将煤层气（典型的吸附作用）、根缘气（活塞式气水排驱）和常规储层气（典型的置换式运聚）的运移、聚集和成藏过程联结在一起，具有多重聚集机理。复杂的天然气生成机制、赋存相态、聚集机理、富集条件等，使页岩气具有明显的地质特殊性。与常规储层气相比，页岩气的聚集属于无二次运移或极短距离二次运移，天然气的赋存和富集不依赖于常规意义上的圈闭及其保存条件。直接将传统意义上的气源岩作为天然气勘探目标，扩大了天然气勘探领域和范围。与传统意义上的"裂隙气"相比，页岩气突出了天然气赋存的吸附特点，平均 50%（20%～85%）的吸附气量极大地增加了天然气的产量、储量和资源量，使得页岩地层中原本没有裂缝的地区和层位也可以通过人工造隙和压裂的方法获得工业规模产量。与以吸附作用为主的煤层气相比，页岩气兼具有吸附和游离两种天然气赋存相态，虽然泥页岩有机质的含量比煤岩普遍较低，产气和吸附气的能力相对较差，但微裂缝、微孔隙的发育和游离气的存在，使页岩气的产能和产量颇具经济价值。页岩的发育和分布范围远比煤层广，故页岩气的资源潜力也比煤层气更大。虽然两者同为致密储层，但页岩气较致密砂岩气具有更优先的聚集条件。

（2）多种矿产：由于沉积环境的特殊性和细粒泥质沉积岩的吸附性，泥页岩地层中常有多种与沉积相关的矿产同时发育，形成类型丰富的共、伴生矿产，包括赋存于黑色岩系中的页岩气、页岩油、固体沥青、石煤、磷、硫等沉积矿产，也包括赋存于黑色岩系中的汞、金、锑、钒、钼、锰、银、镍等低温层控矿产，页岩气常与其他矿产形成共、伴生关系。在吐哈、渤海湾等陆相沉积盆地中，暗色泥页岩层系常与煤系地层共、伴生，也包含了赋存其中的铀矿资源。这些矿产是重要的国家战略资源，对保障国家的能源、经济、军事等方面的安全具有重大意义。黑色岩系既是页岩气和相关矿产形成的基础和赋存的介质，同时又是矿产资源富集的载体。以扬子地区为核心的中国南方地区是古生界黑色岩系分布和页岩气发育的有利区域，也是低温层控和其他沉积矿产分布的主要地区。借助于其他矿产资源研究成果分析黑色岩系中的页岩气，或者利用页岩气研究成果进一步对黑色页岩系中其他矿产资源的分布进行预测，有助于在完整的地质过程中进一步认识多种矿产资源的共、伴生关系，建立多种矿产资源共、伴生的条件关系谱图，研究页岩气及其他矿产的共、伴生关系，预测其资源潜力，为综合矿产资源勘查提供理论支撑。

（3）全球地质事件：页岩气由于其所存在的特殊的地质特点，对其研究需用特殊的方法和内容。在地质研究过程中，通常聚焦于关键地质变动期，侧重于关键地质作用的过程和结果。泥页岩系地层往往是地质构造平静期的产物，除了构造、沉积等地质背景信息外，它还完整地记录了地质时期中的古生物、古生态、古地理、古气候等多种信息，对于研究全球地质事件及其变化、全球生态及其演进、全球环境及其变迁均有重要的参考意义。因此，侧重于构造平静期沉积产物特征分析的泥页岩研究，补充了对完整地质过程的系统认识，特别是天体活动、气候变迁、海平面升降、地壳震荡、生物灭绝、物种新生、缺氧事件等，均能够在地质历史变动的平静期内找寻答案。在古生界的黑色页岩层系中，全球范围内发育并发现了地球早期的古生物和微体古生物的化石和变种，发现并找到了规模不等、形态各异、常呈层状产出的页岩结核，它们之间的产状变化、成因机理和分布具有全球对比意义。

2.3 本课题研究的安全和环境价值

页岩气属于低碳能源的一种，提高页岩气在油气消耗中的比例有助于开辟新的能源领域，减少二氧化碳排放，发展低碳经济，保护地球环境，减缓全球变暖趋势，保持社会经济的良好发展。页岩气属于绿色能源的一种，美国的页岩气产量目前已经超过了煤层气，位居非常规天然气中的第二位。由于开发过程中不需要排水采气，故页岩气具有较煤层气更清洁的开发方式。黑色泥页岩是沉积矿产和低温层控矿产赋存的基础，多种矿产资源的合理开发和综合利用对环境保护和生产安全具有重要意义。

　　页岩地层中富集的大量页岩气对于天然气的开发利用来说必不可少，但在页岩层系中进行采矿和隧道开凿是一种事故隐患。在以巷道掘进方式进行页岩地层中的矿产开发中，页岩中吸附的天然气发生自然解吸而使巷道中甲烷气体的含量升高。由于巷道中空气流通条件较差，当甲烷含量越聚越高并达到爆炸的浓度时，明火、电流及其他原因产生的火花、火星等都能引发爆炸。而页岩气的研究则可以为矿洞和隧道施工提供地质灾害预警，尽量避免在富含页岩气岩层内进行工程作业，或实行更为严格的保护措施，以防止该类事件的发生。页岩中常含有磷、硫等常温易燃物质。当页岩被粉碎成颗粒时，其表面积成倍增加，其中的磷、硫等矿物松散堆积并暴露地表后很容易发生自燃，并引发页岩表面吸附和脱吸附甲烷的燃烧，进一步点燃页岩中干酪根等有机质和少量金属元素，从而导致大面积的页岩碎屑隐燃。这些堆积的页岩碎屑改变了地表土壤的地球化学特点，引燃的页岩碎屑增加了地表的温度，其中常含有不充分燃烧的气体和烟尘，产生刺鼻的气味，对当地环境造成严重的污染。

　　因此，在对页岩地层进行施工时，宜提早采取措施增加页岩碎屑的可燃系数，采取减小页岩表面积增加倍数、降低可燃物质浓度、消减可燃物质含量、减少页岩碎屑堆积体积、增加页岩碎屑的空气隔绝程度等技术防范，尽量避免环境污染。由于页岩的矿物成分主要为黏土矿物，质地相对柔软、易碎，且易于形成页理，故页岩发育地段也常是山体滑坡等其他地质灾害容易发生的地区。在对页岩气的勘探过程中，页岩是地质研究的主体对象，进行页岩气的相关研究有助于系统认识页岩的宏观地质特点，可以为矿山采掘、隧道施工、山体滑坡等地质工程和地质灾害研究提供借鉴参考。此外，泥页岩由于具有较强的吸附性，故也可考虑作为核废料深埋处理的有利介质，为核废料的永久处理提供处置空间。

第3章 油气的聚集类型、特征与机理研究

本章深入对常规、非常规油气的类型、特征与机理进行研究[17-19,22-23]。

在人类探索油气资源时发现了大量的非常规油气资源,石油地质学理论也在不断得到创新:背斜理论、圈闭理论、油气生成与运移理论、含油气系统理论、陆相生油理论、源控论、复式油气聚集带理论、煤成气与天然气成藏理论、岩性-地层油气藏与大面积成藏理论。石油地质的传统研究是从烃源岩到圈闭的油气运移,寻找有效的聚油圈闭是油气勘探的核心。伴随着非常规油气系统和大面积连续型油气聚集理论的提出,淡化了传统圈闭成藏概念,强调原位滞留或短距离运移的页岩系统源储共生型油气聚集,油气勘探的核心是寻找有效储集体。勘探理念的转变推动了非常规油气的一系列重要突破,储量和产量快速增长,在全球能源供应中的地位日益凸显。全球非常规石油资源规模达 4.12×10^{11} t,与常规石油资源基本相当。全球非常规天然气资源规模达 9.219×10^{15} m³,是常规天然气资源的 8 倍,已占到天然气产量的 18%。中国非常规油气探明储量已占新增探明储量的 75%,成为储量增长的主体。

全球非常规油气勘探开发取得三大进展:①提出"纳米级"连续型油气聚集的地质理论;②创造了"人造渗透率"的水平井多级体积压裂的核心技术;③形成了"工厂化"平台式可节约成本的开发模式。全球非常规石油天然气勘探开发的重点是油砂、重油、致密气、煤层气等,页岩气成为全球非常规天然气勘探开发的热点领域,致密油成为全球非常规石油勘探开发的亮点领域。非常规油气的突破,改变了全球能源传统格局,形成了以北美为核心的西半球油气版图和以中东为核心的东半球油气版图。目前,前者以非常规油气资源为主,到2020年,加拿大油砂、巴西盐下深水油气与美国致密油产量将可能分别达到 1.5×10^8 t、2.5×10^8 t、1.5×10^8 t,推动世界油气新秩序的形成。后者以常规油气资源为主,截至目前,全球常规石油剩余探明储量 1.888×10^{11} t,天然气剩余探明储量 1.87×10^{14} m³,分别占全球油气储量规模的 39% 和 40%。

中国以"陆相"为主的非常规模式,为陆上油气的勘探开发提供了理论依据,尤其是为中国陆上 $(4 \sim 5) \times 10^7$ t级油气产量基地建设,提供重要的资源保障,成为增产和稳产的基础。①松辽盆地:常规构造圈闭资源是过去上产的主体,而致密油气是未来稳产的主角;②渤海湾盆地:构造与岩性地层油气藏是主体资源,非常规致密油和气是产量稳定的新领域;③鄂尔多斯盆地:非常规致密油和气是增储上产的主体;④塔里木盆地:主体资源埋藏深度为5500~7500m,碳酸盐岩缝洞油气和致密气等是发展的主体;⑤四川盆地:各种常规与非常规资源并存。常规与非常规油气的本质区别在于是否受圈闭控制、是否连续分布、单井是否有自然工业产量。常规油气研究的核心是成藏,目标是确定圈闭是否有油气。非常规油气研究的核心是储层,目标是确定储集了多少油气。目前,常规油气面临非常规的问题,常规领域的难动用储量、剩余的致密储层等成为非常规油气,而致密油和气、页岩油和气等非常规需要发展成新的"常规"。随着理论技术的进步,非常规可以向

常规转化。由常规油气到非常规油气的转变，核心在于油气储集单元性质的改变。非常规页岩系统油气储集单元"生－储－盖"三位一体，广泛发育纳米级孔喉连通系统，明显不同于常规油气储集单元，进一步导致了二者聚集机理的差异性。

3.1　油气聚集主要类型

油气聚集方式分为单体型、集群型、准连续型与连续型 4 种基本类型。常规油气有单体型和集群型，其中单体型主要为构造油气藏，油气聚集于构造高点，平面上呈孤立的单体式分布（图 3.1 和表 3.1）。集群型主要为岩性油气藏和地层油气藏，油气聚集于较难识别的岩性圈闭和地层圈闭中，平面上呈较大范围的集群式分布。非常规油气有准连续型和连续型，平面上呈大面积准连续型或连续型分布。准连续型油气聚集，含碳酸盐岩缝洞油气、火山岩缝洞油气、变质岩裂缝油气、重油、沥青砂等。连续型油气聚集是非常规油气主要的聚集模式，含致密砂岩油和气、致密碳酸盐岩油和气、页岩油和气、煤层气、浅层生物气、油页岩、天然气水合物等。从资源丰度看，非常规油气资源占据总资源的主体，比例达 80%，常规油气资源仅占 20% 左右。

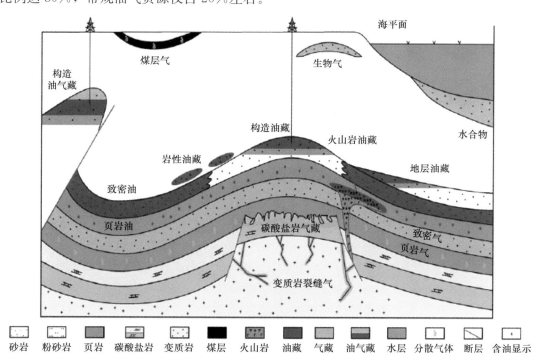

图 3.1　常规与非常规油气聚集类型简要分布

<table>
油气资源类型简要划分 　　　　　　　　　　　　　　　　　　　　　　　　　　　表 3.1
</table>

资源类型	地域分布	分布特征	聚集类型
常规 油气 聚集	松辽盆地大庆长垣 K	单体型	构造油气藏
	松辽盆地 K，渤海湾盆地 E	集群型	岩性油气藏
	准噶尔盆地西北缘 C—J		底层油气藏

资源类型	地域分布	分布特征	聚集类型
非常规油气聚集	塔里木盆地台盆区∈—O	准连续型	碳酸盐岩缝洞油气
	渤海湾大民屯元古界、新疆火山岩 C—P		变质岩、火山岩缝洞油气
	渤海湾盆地 N		重油
	准噶尔盆地西北缘 J		沥青砂
	四川盆地 T，鄂尔多斯盆地 C—P、T	连续型	致密砂岩油和气
	四川盆地 J		致密碳酸盐岩油和气
	四川盆地∈、S、J		页岩油和气
	沁水盆地 C—P		煤层气
	松辽盆地 K		油页岩
	南海北部斜坡区		水合物

3.2 常规油气分布特征与聚集机理

3.2.1 分布特征

常规油气藏主要发育在断陷盆地大型构造带、前陆冲断带大型构造、被动大陆边缘以及克拉通大型隆起等正向构造单元中，如中东地区前陆盆地山前大型构造，墨西哥湾等深水大型构造，中国松辽盆地白垩系（K）长垣构造、库车前陆冲断带、准噶尔西北缘等，具有常规二级构造单元控制油气分布的特征。油气或聚集于构造高点，平面上呈孤立的单体式分布，或聚集于岩性圈闭和地层圈闭中，平面上呈较大规模的集群式分布（图 3.1 和表 3.1）。流体分化作用强，具有统一的油气水界面和压力系统，相对于大面积连片分布的非常规油气聚集，常规油气展布范围受圈闭控制，储层物性好。具有资源丰度较高，单井自然工业产量较高，开发难度低等特点。

3.2.2 聚集机理

常规油气藏储集体发育毫米级或微米级孔喉介质（图 3.2），毛细管阻力较小，符合达西渗流规律。油气从烃源岩排出后，经浮力驱动发生二次运移，通过一系列输导体系，在相对独立的常规圈闭，在相对低势区聚集成藏（表 3.2），具有明确的圈闭度量要素。浮力作用下油气"渗流"或"管流"成藏是常规油气的根本特征，从烃源岩到圈闭，贯穿油气成藏始末，也决定了单个油气藏的规模和范围（图 3.2）。圈闭的有效性，即油气生成、运移、聚集和保存等多种地质条件的时空配置，是常规油气地质理论与勘探实践的重要内容。按照圈闭定型时间与大规模油气排聚时间的匹配关系，可分为 3 种类型，早圈闭型、同步圈闭型和晚圈闭型。只有那些在油气区域性运移以前或同时形成的圈闭，即早圈闭型与同步圈闭型对油气的聚集才是有效的。具有毫米—微米级孔喉连通网络的常规油气储层物性较好，如塔里木盆地库车凹陷克拉 2 气田，孔喉直径平均 $3.69\sim5.24\mu m$，孔隙度最高达 22.4%，渗透率 $0.004\sim1700.15mD$，平均 $51.46mD$。针对以寻找有效聚油圈闭为目标的常规油气勘探，如何有效识别地下构造、岩性地层圈闭、评价圈闭的有效性是勘探工作的核心。三维地震精细勘探、测井识别流体技术、直井注水开发、酸化压裂等常规技术在油气勘探开发过程中应用广泛。

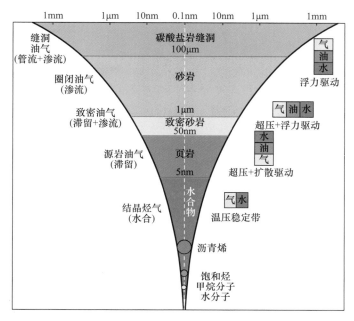

图 3.2 油气聚集孔喉结构模式

常规与非常规油气聚集特征对比   表 3.2

类目	常规油气聚集（非连续圈闭聚集）	非常规油气聚集（连续型储层聚集）
聚集单元	构造、岩性与地层等常规圈闭	无明显界限的非闭合圈闭
储层特征	常规毫米—微米级孔喉	非常规纳米级孔喉，滞留作用明显
资源配置	一般源外成藏，排聚时刻匹配	大面积源储共生
水动力作用	明显，重力分异、浮力聚集	不明显，液体分异差、浮力作用受限
运移方式	远距离二次运移为主	一次运移或短距离运移
渗流机理	达西渗流或管流	滞留、非达西渗流为主
油气水关系	上油气下水、压力系统界面明显，单井有自然产量	无统一油气水界面与压力系统，饱和度差异大，一般油气水共存，单井无自然工业产量
分布和聚集	单体型、集群型非连续分布，局部富集	盆地中心、斜坡等大面积（准）连续型分布，有"甜点"区
技术应用	直井、酸化压裂等常规技术	水平分支井、分段分层压裂等特殊技术

3.3 非常规油气的分布特征与聚集机理

3.3.1 分布特征

非常规油气主要分布于前陆盆地坳陷—斜坡、坳陷盆地中心及克拉通向斜部位等负向构造单元，如北美前陆大型斜坡，中国鄂尔多斯盆地中生界大型坳陷湖盆中心等。油气并不局限于二级构造单元，而是涵盖了盆地中心及斜坡，有效勘探范围扩展至全盆地，油气具有大面积分布、丰度不均一的特征。平面上，油气或滞留在烃源岩内，或连续分布于紧邻烃源岩上下的大面积致密储层中。纵向上，多层系叠合连片含油，形成大规模展布的油气聚集。流体分异差，无统一的油水界面，油、气、水常多相共存，含油气饱和度变化大，具有"整体普遍含油气"的特征，一般单井无自然工业产量。如鄂尔多斯盆地延长组致密大油区（图 3.3），油层大面积连续分布于斜坡等部位。非常规油气勘探进程从泥岩页生排油气向泥岩页储聚油气发展，"甜点"核心区控制下的有利区是优先开发的重点对象，"先富后贫"，最终实现油气资源的整体开发，水平井、分段分层压裂等特殊技术实现了工业化开采[53-58]。

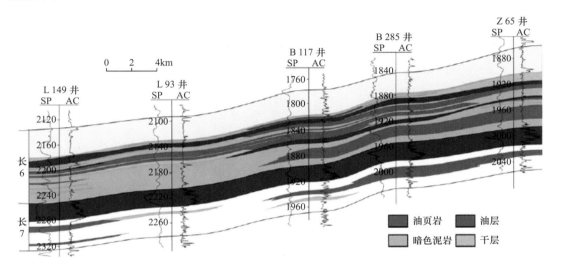

图 3.3　鄂尔多斯盆地上三叠统延长组致密油剖面

3.3.2　聚集机理

非常规油气储集体广泛发育纳米级孔喉系统，是大面积连续型或准连续型油气聚集的根本特征，决定了油气呈连续或准连续型分布。根据中国与北美典型的非常规储层纳米级孔喉分布统计结果，页岩气储层孔喉直径介于 5～200nm，致密气储层孔喉直径介于 40～700nm，致密砂岩油储层孔喉直径介于 50～900nm，致密灰岩油储层孔喉直径介于 40～500nm（图 3.4）。

连续型油气聚集具有两个关键地质特征：一是源储共生，大面积层状含油气储集体连续分布，无明显圈闭与油气水界限。二是非浮力聚集，油气持续充注，不受水动力效应的明显影响，无统一油水界面与压力系统。与常规油气聚集不同，非常规油气聚集突破了从烃源岩到圈闭的含油气系统概念，聚集动力以烃源岩排烃压力为主，受生烃增压、欠压实和构造应力等控制，聚集阻力主要为毛细管压力，二者耦合控制含油气边界。多表现为含油气饱和度差异较大，油、气、水多相共存，分布较复杂。纳米级孔喉系统限制了水柱压力与浮力在油气运聚中的作用，运移距离一般较短，主要为初次运移或短距离二次运移（图 3.2）。煤层气、页岩气及页岩油"生－储－聚"三位一体，基本上生烃后就地存储，

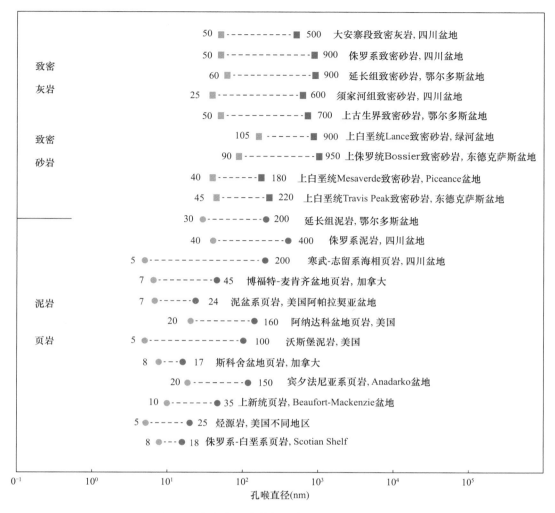

图 3.4 全球典型非常规油气储层纳米孔喉分布

可称为源岩油气、原地油气或原位滞留油气；致密油和气以渗流扩散作用为主，非达西渗流，运移距离较短；碳酸盐岩缝洞油气、火山岩缝洞油气及变质岩裂缝油气存在一定程度的二次运移，但其紧邻烃源岩发育，达西与非达西渗流共存，与常规油气聚集相比，运移距离较短和规模较小（表 3.3）。

全球非常规油气聚集类型与可采资源特征 　　　　　　　　　　表 3.3

特征	页岩气	煤层气	页岩油	致密油	致密气	碳酸盐岩缝洞油气
分布特征	靠近盆地沉降—沉积中心	陆相高等植物发育地区	深凹或斜坡泥页岩发育地区	盆地中心或斜坡部位	盆地中心或斜坡部位	古隆起及其围斜部位
孔隙度	<6%	<10%	<10%	<10%	<10%	<1.8%
渗透率	<0.5mD	<1mD	<1mD	<1mD	<1mD	
储源关系	生储盖三位一体，自生自储	生储盖三位一体，自生自储	生储盖三位一体，自生自储	源储直接接触或近邻	源储直接接触或近邻	自生自储或下生上储或储源近邻

特征		页岩气	煤层气	页岩油	致密油	致密气	碳酸盐岩缝洞油气
运移方式		无运移或烃源层内短距离初次运移	无运移或烃源层内短距离初次运移	无运移或烃源层内短距离初次运移	一次运移或短距离二次运移	一次运移或短距离二次运移	短距离二次运移
聚集作用		页岩内弥散式分布，裂缝区富集	裂隙或割理为富集区	存在纳米孔喉系统，裂缝发育区富集	溶蚀区或裂缝区富集高产	溶蚀区或裂缝区富集高产	岩溶区或裂缝区或岩溶裂缝共同发育区富集高产
流体特征		以干气为主，吸附在干酪根、孔隙中，游离于裂缝间	以吸附气为主，兼有少量游离气	以中高成熟度石油为主	以中高成熟度石油为主	含气饱和度差异大，多数小于60%	中高成熟度油气
开采工艺		产量低、采收率低、生产周期长，需水平井、分段压裂	低产，无自然产能，生产周期长，需要水平井、压裂等技术	产量低，无或低自然产能，压裂等	储层致密，自然产能低，需水平井等技术	储层致密，自然产能低，常需水力压裂进行储层改造	储层非均质性强，需储层预测、流体检测以及酸化压裂进行储层改造
可采资源	全球	$4.56 \times 10^{14} m^3$	$2.56 \times 10^{14} m^3$	$2.77 \times 10^{11} t$	$(4 \sim 6) \times 10^{10} t$	$2.1 \times 10^{14} m^3$	$5 \times 10^{10} t$
	中国	$(1.5 \sim 2) \times 10^{13} m^3$	$(1 \sim 1.5) \times 10^{13} m^3$	$> 1 \times 10^{10} t$	$(3.5 \sim 4) \times 10^9 t$	$(1.5 \sim 2) \times 10^{13} m^3$	$(2 \sim 3) \times 10^9 t$
典型实例		四川盆地下古生界、三叠系页岩气等	山西沁水、鄂尔多斯、韩城等盆地煤层气	四川盆地川北凹陷侏罗系、鄂尔多斯盆地三叠系页岩油	鄂尔多斯延长组、松辽盆地白垩系湖盆中心致密砂岩油等	鄂尔多斯苏里格、四川盆地须家河组致密砂岩气等	塔里木塔北地区寒武—奥陶系碳酸盐岩缝洞型油气等

特征	火山岩缝洞气	变质岩裂缝油气	油页岩	油砂	重油沥青	水合物
分布特征	盆地主断裂、古隆起和斜坡部位	盆地古隆起和斜坡部位	坳陷盆地或山前—山间坳陷稳定构造部位	边缘斜坡带、凸起带及凹陷中央断裂背斜带浅部	边缘斜坡带、凸起带及凹陷中央断裂背斜带浅部	极地、永久冻土带及海洋
孔隙度	原生型<20%，风化壳型15%~20%	<10%		16%~30%		
储源关系	自生自储或上生下储或下生上储	上生下储或源储近邻		上生下储或下生上储或源储近邻	自生自储、上生下储或下生上储	
运移方式	二次运移	二次运移		二次运移	二次运移	二次运移
聚集作用	风化壳区或裂缝区富集高产	裂缝区富集高产	盆地中央注陷带富集	富油气凹陷构造活动带浅部层系富集	富油气凹陷构造活动带浅部层系富集	临界条件下，富砂质沉积区富集
流体特征	中高成熟度油气，CO_2含量较高	以油藏为主	未成熟源岩，加热可形成石油	含烃类砂岩与碳酸盐岩，加热可提炼石油	高密度、高黏度的石油沥青	甲烷

续表

特征		火山岩缝洞油气	变质岩裂缝油气	油页岩	油砂	重油沥青	水合物
开采工艺		储层非均质性强，自然产能较低，常需酸化压裂进行储层改造	初产高，产量递减快，需保持地层压力，采用压裂、酸化、解堵等增产措施	露天开采与原地开采技术，需加热蒸馏技术等	露天开采与原地开采技术，后者包括携砂冷采、蒸汽吞吐开采、蒸汽驱开采、蒸汽辅助重力泄油开采及火烧油层等	露天开采与原地开采技术，后者包括携砂冷采、蒸汽吞吐开采、蒸汽驱开采、蒸汽辅助重力泄油开采及火烧油层	开采技术特殊，如热激发、降压及化学抑制剂技术等
可采资源	全球	$(1\sim1.5)\times10^{10}$t	$(4\sim5)\times10^{9}$t	5×10^{11}t	1.725×10^{11}t	1.725×10^{11}t	3×10^{15}m³
	中国	$(1\sim1.5)\times10^{9}$t	$(0.5\sim1)\times10^{9}$t	4.76×10^{10}t	$(1\sim1.5)\times10^{9}$t	$(1\sim1.2)\times10^{9}$t	$(5\sim7)\times10^{13}$m³
典型实例		松辽盆地深层下白垩统天然气、新疆北部石炭系火山岩油气等	辽河坳陷变质岩古潜山、胜利王庄古潜山、玉门鸭儿峡古潜山等	美国绿河油页岩、中国抚顺、茂名油页岩等	准噶尔盆地乌尔禾油砂、松辽图牧吉油砂、四川厚坝油砂等	加拿大阿尔伯达重油沥青、委内瑞拉重油沥青带、胜利八面河油田、辽河欢喜岭油田等	中国南海海域、南极、北极与青藏高原永久冻土带等

　　碳酸盐岩岩溶缝洞型油气聚集机理与常规圈闭油气类似，关键在于具有良好储集能力的岩溶缝洞，形成于大规模油气排聚时间之前或同期形成。非常规连续型纳米孔喉油气，突破了常规储层物性下限与传统圈闭找油的理念，针对大面积展布的非常规储集体，关键在于大规模纳米孔喉储层的致密背景与油气生成、排聚（强调全过程、连续性）过程的时空匹配。非常规油气储集体物性差，致密油和气、页岩油和气、煤层气储层孔隙度主体小于 10%，地下渗透率小于 0.1mD。碳酸盐岩缝洞、火山岩缝洞与变质岩裂缝油气储层非均质性强，基质孔渗性差，一般无自然产能，局部存在高孔渗带。大面积连续型油气聚集的勘探，关键是寻找大面积层状储集体，核心工作是圈定储集体的空间展布和人工增大储集体的渗透能力。除运用常规技术方法外，还需采用非常规针对性技术与特殊开采方法，如叠前地震储层及流体预测技术、水平井钻井技术、大型分段分层压裂技术、微地震检测技术、资源空间分布预测技术、碳酸盐岩缝洞型储层定量雕刻技术、多分支井"工厂化"低成本开采模式等。

3.4　纳米油气概念

　　纳米油气是指用纳米技术研究和开采聚集在纳米级孔喉储集系统中的油气，包括页岩油和气、致密油和气等，一般储集层以纳米孔喉为主，局部发育微米—毫米级孔隙。纳米技术是纳米油气聚集研究及勘探开发的关键，如纳米 CT 观测纳米孔喉系统、纳米驱油气剂提高采收率、纳米机器人作业等新技术。

纳米油气的主要特征是：①源储共生，致密储集层与油气连续分布；②源内滞留或短距离运移；③以扩散作用、分子作用等为主，非浮力聚集；④一般单井无自然工业产量，需研发纳米系列技术。

纳米物理学、纳米化学等技术的发展为在纳米孔喉系统中研究油气和极限提高采收率提供了新途径。纳米级孔喉连通网络决定了非浮力作用下油气原位滞留或扩散聚集。利用纳米技术，加强油气在纳米孔喉系统中的生成、吸附、解析、扩散和聚集能力等油气系统的研究具有重要意义。

3.5 中国与国外非常规油气比较

非常规油气资源总量大，储层孔喉小，物性差，技术要求高。近年来，全球非常规油气勘探取得重大突破，以北美非常规油砂和重油、非常规气最为典型，发展迅速，从最早突破的致密气、煤层气、油砂、重油，再到页岩气和致密油，非常规气产量比例已达50%。就国外而言，致密气、煤层气、页岩气是非常规气优先选择的勘探领域，北美油砂和致密油是非常规石油勘探的现实领域。中国地质背景与国外差异较大，具有多旋回构造演化、陆相地层为主、岩相变化大等特征，因此中国非常规油气聚集呈现一定的特殊性，主要体现在构造动力学背景、沉积环境、烃源岩分布、沉积物分选性、储层非均质性、渗流机理和油气水关系等方面（表 3.4）。

北美与中国非常规油气聚集特征差异　　　　　　　　　　　　　　表 3.4

类别		北美	中国
地质背景	构造演化	单旋回为主	多旋回为主
	沉积环境	海相为主	陆相为主
	储层特征	均质性相对较好	非均质性较强
开采条件	地形地貌	平原为主	山地、丘陵、荒漠等
	水源条件	充足	缺乏
	地面管网	发达	不发达
	政策扶持	已建立	未完全建立
发展序列	现实增储上产	油砂、致密气/油、煤层气、页岩气	致密气、致密油
	工业化试验	页岩油	页岩气、煤层气
	研究探索	油页岩、水合物	油页岩、页岩油、水合物

这也决定了中国非常规油气开发不能照搬国外开发模式。中国发育与煤系地层广泛伴生的致密气、与生油岩大规模共生的致密油，资源潜力很大，而页岩气面临复杂的地表条件、埋藏深度大、水源条件差、管网设施差等因素，限制了中国页岩气的勘探开发发展的速度。因此，中国近期最主要增储上产领域是致密气、致密油，加强工业化试验的是煤层气、页岩气等，加强攻关研究的是水合物、油页岩和页岩油等。

3.6 致密砂岩气实例

从圣胡安盆地的隐蔽气藏，到加拿大阿尔伯达盆地艾尔姆沃斯（Elmworth）巨型深盆气藏，再到 Raton 盆地的盆地中心，致密砂岩气与连续型天然气聚集。目前致密气已成为全球非常规天然气勘探的重点领域。北美已实现致密砂岩气的大规模商业化生产，2010年美国致密气产量达 $1.754 \times 10^{11} m^3$，占当年天然气总产量 $6.11 \times 10^{11} m^3$ 的30%。中国致密砂岩气的发展非常快，2011年苏里格致密砂岩大气区实现探明储量超 $3.0 \times 10^{12} m^3$，约3500口生产井，单井平均产量 $1.0 \times 10^4 m^3/d$，年产量 $1.35 \times 10^{10} m^3$。四川盆地须家河组致密砂岩大气区资源量超过 $5.0 \times 10^{12} m^3$，已发现三级储量 $1.0 \times 10^{12} m^3$，产量超过 $3 \times 10^9 m^3$。此外，在松辽盆地登娄库组、吐哈盆地水西沟群、准噶尔盆地八道湾组、塔里木盆地库车东部侏罗系及西部深层巴什基奇克组致密砂岩均具备致密气区的条件，取得重大发现。2011年，致密气储量已占中国天然气的三分之一以上，年产量超过 $2 \times 10^{10} m^3$，展现出很大的潜力，可采资源量（1.5～2.0）$\times 10^{13} m^3$。

中国致密砂岩气展布面积较大，储层以岩屑砂岩、长石砂岩为主，埋深跨度大，从2000～8000m，经历了较强的成岩改造，多处于中成岩 A—B 阶段，压实、胶结等破坏性成岩作用对储层影响较大，储层物性差。中国致密气储层中值孔隙度介于3.2%～9.1%，平均值为1.5%～9.04%，中值渗透率为0.03～0.455mD，平均值为0.01～1.0mD（表3.5），基本无自然工业产能，压裂施工后产量显著增加。

中国主要含油气盆地典型致密砂岩气储层特征   表 3.5

类别	吐哈盆地	塔里木盆地			四川盆地	鄂尔多斯	松辽盆地南	松辽盆地北	准格尔盆地
地层	侏罗系水西沟群	塔东志留系	库车东部侏罗系	库车西部深层白垩系巴什基奇克组	叠系须家河组	石炭二叠系	白垩系登楼库组	白垩系登娄库组	侏罗系八道湾组
沉积相	辫状河三角洲	滨岸、辫状河三角洲	河流、曲流河、辫状河三角洲、扇三角洲	辫状河、辫状河三角洲、扇三角洲	辫状河、曲流河三角洲、扇三角洲、滨浅湖滩坝	河流、辫状河、曲流河三角洲、滨浅湖滩坝	河流、辫状河、曲流河三角洲	辫状河三角洲、曲流河三角洲	辫状河三角洲、曲流河三角洲
岩石类型	长石岩屑砂岩	中、细粒岩屑砂岩	岩屑砂岩、长石岩屑砂岩	含炭质细粒岩屑砂岩、不等粒岩屑砂岩	长石岩屑砂岩和岩屑砂岩、岩屑石英砂岩	岩屑砂岩、岩屑石英砂岩、石英砂岩	长石岩屑砂岩、岩屑砂岩	岩屑长石砂岩、长石岩屑砂岩、长石砂岩	长石岩屑砂岩、岩屑砂岩
埋深（km）	3～3.65	4.8～6.5	3.8～4.9	5.5～7	2～5.2	2～5.2	2.2～3.5	2.2～3.3	4.2～4.8
分布面积（km²）	1.5	24			6	18	5		4.5
单井产量（10⁴m³/d）	0.45～9.79	2.9～5.65	微量～6.6	17.83（大北101）	压后2.3	2.6～8.1	0.4～15	0.7～4	
成岩阶段	中成岩 B-晚成岩	中成岩 A-B	中成岩 A-B	中成岩 A-B	中成岩 A-B	中成岩 A₂-B	中成岩 A₂ 期	中成岩 A-晚成岩	中成岩 A₁-A₂ 期
孔隙类型	粒内、粒间溶孔	残余粒间孔、粒内溶孔	粒间、粒内溶孔、颗粒溶孔、微孔隙、微裂缝	残余粒间孔、颗粒与粒内溶孔、微孔隙、杂基内微孔	粒间、粒内溶孔、颗粒溶孔、微孔隙、微裂缝	残余粒间孔、粒间、粒内溶孔、高岭石晶间孔	残余粒间孔、粒间溶孔、粒内溶孔	缩小粒间孔隙、微孔、粒内溶孔	粒间孔、颗粒溶孔、基质收缩孔、微孔

续表

类别	吐哈盆地	塔里木盆地			四川盆地	鄂尔多斯	松辽盆地南	松辽盆地北	准格尔盆地
孔隙度中值（%）	5.012	6.513	2.78		4.1998	6.695	3.1994		9.1
孔隙度均值（%）	5.16	6.98	6.49	3.36	5.65	6.93	3.35	6.16	9.04
样品个数	25	1019	4720		21379	6015	61		51
渗透率中值（mD）	0.047	0.205	0.393		0.57	0.229	0.034		0.46
渗透率均值（mD）	0.106	3.57	1.13	0.06	0.035	0.604	0.224	0.79	1.25
样品个数	25	988	4531		32351	5849	52		43

大范围层状烃源岩、持续生烃与大面积致密砂岩储集体连片分布，是连续型致密砂岩气形成的有利条件。以鄂尔多斯苏里格大气区为例，山西组—太原组煤系源岩展布范围达 $3.5×10^4 km^2$，在有机质演化过程（R_0 为 0.5%～3.0%）中持续生烃，平均生气强度达 $1.6×10^9 m^3/km^2$，形成大面积蒸发式层状排烃。大型缓坡型浅水三角洲体系形成连续分布的储集砂体，厚度 30～100m，主力气层段砂地比大于 60%，南北向延伸达 150～200km，呈下生上储结构（图 3.5），形成了缓坡背景下大面积分布的连续型致密砂岩大气区。根据场发射扫描电镜、纳米 CT 等仪器对致密砂岩气储层微观—超微观储集空间研究表明：致密砂岩广泛发育的纳米级孔喉系统，孔径主体介于 25～700nm，包括粒间孔、粒内孔、晶间孔及粒间缝（图 3.6），共同构成纳米级孔喉网络。一方面决定了储层极低的渗透率（基质渗透率<0.1mD），开发过程中需人造裂缝加大渗透率以提高产能。另一方面限制了浮力在天然气运聚中的作用，气水界限不明确，天然气服从扩散原理，源储压差提供运移动力，总体近源聚集。

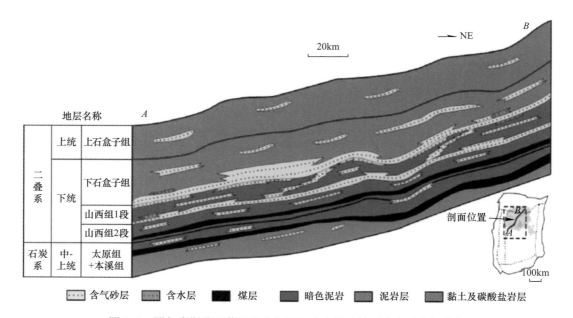

图 3.5 鄂尔多斯盆地苏里格大气区上古生界连续型致密砂岩气分布

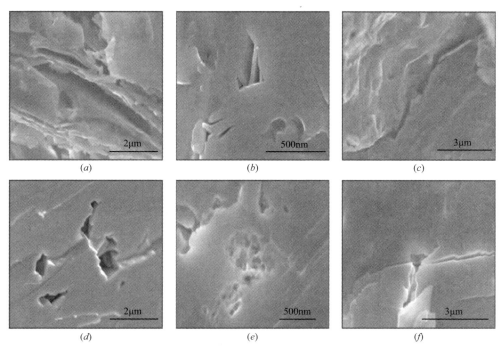

图 3.6 鄂尔多斯盆地与四川盆地致密储层纳米孔特征照片

（a）伊利石层间缝，呈长条形，见孔隙发育，直径 50～400nm，统 37 井，山一段；

（b）黏土矿物晶内孔，呈三角或长条形，直径 25～50nm，合川 1 井，须家河组；

（c）长石粒间纳米缝，呈弯条形，缝宽 200nm，延伸几微米，元 190 井，长 6 油层组；

（d）石英粒内孔，呈多边形或长条形，直径 200～400nm，高 46 井，长 6 油层组；

（e）方解石粒内溶孔，呈蜂窝状，直径 50～100nm，平昌 1 井，大安寨段；

（f）方解石粒间缝，孔隙发育，构成孔缝连通体系，直径 100～150nm，平昌 1 井，大安寨段

3.7 致密油

3.7.1 致密油的概念

致密油是致密储层油的简称，是指覆压基质渗透率小于或等于 0.1mD 的砂岩、灰岩等储集油层。石油经过短距离运移，主要包括致密砂岩和灰岩等，油质较轻，单井一般无自然产能或自然产能低于工业产能下限，在一定经济条件和技术措施下可获得工业石油产量。形成致密油需具备 3 个关键标志：①大面积分布的致密储层；②广覆式分布的腐泥型较高成熟度的优质生油层；③连续型分布的致密储层与生油岩紧密接触的共生层系（图 3.7）。

成熟页岩油是指在纯生油岩中滞留的石油，油气基本未经历运移。页岩油和致密油需不同的开采技术，尤其是泥页岩凝析油或轻质油。美国已在 Eagle Ford 页岩层段发现凝析油气含油比较高，表明有页岩凝析油存在。凝析油和轻质油分子直径为 0.5～1.0nm，理论上，页岩纳米级孔喉中可储集凝析油和轻质油。R_o 在 1.3%～2.0% 的生烃泥页岩在全

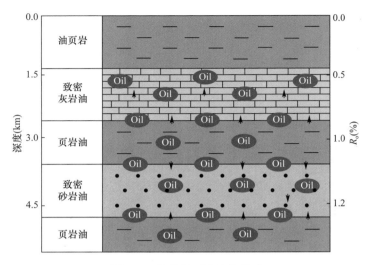

图 3.7 非常规石油聚集模式

球广泛分布,具有在泥页岩中储集凝析油或轻质油的基本地质条件。泥页岩凝析油或轻质油可能是重要的非常规油气资源新类型。在较高热演化的生油岩中,泥页岩热演化处于凝析阶段,形成凝析泥页岩油,易于流动和开采。中国在塔里木、四川、渤海湾、东南沿海等盆地可能发育规模凝析或轻质页岩油资源。

致密油多表现为以下特征:①大面积源储共生,圈闭界限不明显;②非浮力聚集,水动力效应不明显;③油水分布复杂,异常压力,裂缝高产;④非达西渗流为主;⑤短距离运移为主;⑥纳米级孔喉连通体系为主。纳米级孔喉连通系统是致密油聚集机理的根本,超微观储集空间体系中强大的毛管压力限制了浮力在油气聚集中的作用,油气在源储压差的作用下就近发生层状运移,运移距离短但排烃效率高。中国致密油主要发育致密砂岩与致密灰岩两种主要储层,二者均发育纳米级微观孔喉网络体系,主要发育在中国陆相盆地中。致密砂岩油储层以鄂尔多斯盆地湖盆中心长 6、长 7 油层组为代表,包括石英—长石粒内孔、黏土矿物—钠长石晶间孔及长石粒间缝,孔喉直径主体 $60\sim800nm$。致密灰岩油储层以川中侏罗系大安寨段为代表,包括方解石粒内孔、粒间孔、溶蚀孔及粒间缝,孔喉直径主体 $50\sim800nm$(图 3.6)。相对于致密气储层,致密油孔喉直径较大,目前学术界对天然气分子直径研究较为深入,但对原油分子大小研究相对欠缺,因此准确表征原油分子大小以及原油在纳米孔喉中赋存状态和运移机理是致密油下一步研究的重点。

3.7.2 北美致密油

伴随北美威利斯顿盆地 Bakken、德克萨斯南部 Eagle Ford 致密油的成功勘探开发,致密油已成为北美页岩气之后又一战略性突破领域。2000 年,Bakken 致密油产量实现 7000t/d。2008 年,Bakken 致密油实现规模开发,成为当年全球十大发现之一。威利斯顿盆地面积 $3.4\times10^5km^2$,横跨美、加两国。Bakken 致密油储层以白云质粉砂岩、生物碎屑砂岩、钙质粉砂岩为主,单层厚 $5\sim10m$,累计厚度达 55m。孔隙类型主要为粒间孔和溶蚀孔,孔隙度为 $5\%\sim13\%$,渗透率为 $0.1\sim1.0mD$(图 3.8)。紧邻致密油储层上下发育两套优质泥页岩,厚 $5\sim12m$,TOC 为 $10\%\sim14\%$,R_o 为 $0.6\%\sim0.9\%$,生烃能力强。

Bakken 致密油埋深 2590～3200m，含油面积 $7×10^4 km^2$，资源量达到 $5.66×10^{10}$ t（表 3.6），可采资源量 $6.8×10^9$ t。2010 年，美国境内 Bakken 致密油生产井共有 2362 口，单井产油 10t/d 以上，年产油 $3×10^7$ t 左右。

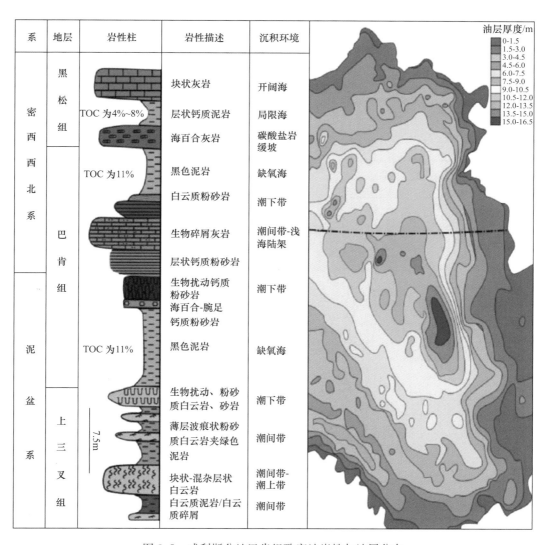

系	地层	岩性柱	岩性描述	沉积环境
密西西北系	黑松组	TOC 为4%～8%	块状灰岩	开阔海
			层状钙质泥岩	局限海
			海百合灰岩	碳酸盐岩缓坡
	巴肯组	TOC 为11%	黑色泥岩	缺氧海
			白云质粉砂岩	潮下带
			生物碎屑灰岩	潮间带-浅海陆架
			层状钙质粉砂岩	
			生物扰动钙质粉砂岩	潮下带
			海百合-腕足钙质粉砂岩	
泥盆系		TOC 为11%	黑色泥岩	缺氧海
	上三叉组	7.5m	生物扰动、粉砂质白云岩、砂岩	潮下带
			薄层波痕状粉砂质白云岩夹绿色泥岩	潮间带
			块状-混杂层状白云岩	潮间带-潮上带
			白云质泥岩/白云质碎屑	潮间带

油层厚度/m
0-1.5
1.5-3.0
3.0-4.5
4.5-6.0
6.0-7.5
7.5-9.0
9.0-10.5
10.5-12.0
12.0-13.5
13.5-15.0
15.0-16.5

图 3.8 威利斯盆地巴肯组致密油岩性与油层分布

Eagle Ford 致密油发现于 2008 年，主要产自与页岩互层的致密灰岩中，储层物性差，孔隙度为 2%～12%，渗透率小于 0.01mD，含油层系埋深跨度大，从 914～4267m 皆有分布。Eagle Ford 发育优越的烃源条件，最大总厚度达 250m，TOC 为 4.5%，R_o 为 0.7%～1.3%（表 3.6）。截至 2010 年，已钻井超过 600 口，含油面积约 $4×10^4 km^2$。目前北美已发现致密油盆地 19 个，主力致密油产层 4 套，到 2020 年产量可以达到 $1.5×10^8$ t/a。

北美与中国致密油特征对比　　　　　　　　　　　　　　　　　　表3.6

致密油区		Bakken	Eagle Ford	松辽盆地白垩系	四川盆地侏罗系	酒西盆白垩系
有利面积（$\times 10^4$km²）		7	4	8～9	7～11	0.3～0.5
烃源岩	岩性	海相页岩	海相泥灰岩	湖相泥岩	湖相泥岩	湖相泥岩
	厚度（m）	5～12	20～60	80～450	40～240	400～500
	TOC（%）	10～14	3～7	0.9～3.8	0.8～3	1～2.5
	R_0（%）	0.6～0.9	0.7～1.3	0.5～2	0.9～1.4	0.5～0.8
储层	岩性	白云质—泥质粉砂岩	泥灰岩	粉细砂岩	粉细砂岩，介壳灰岩	粉砂岩，碳酸盐岩
	厚度（m）	5～55	30～90	5～30	10～60	100～300
	孔隙度（%）	5～13	2～12	2～15	0.2～7	5～10
	渗透率（m）	0.1～1	<0.01	0.6～1	0.0001～2.1	<0.1
原油密度（g/cm³）		0.81～0.83	0.82～0.87	0.78～0.87	0.76～0.87	0.82～0.94
压力系数		1.35～1.58	1.35～1.8	1.2～1.58	1.23～1.72	1.2～1.3
资源量（$\times 10^8$t）		566		19～21.3	15.2～18	1.8～2.3
致密油区		吐哈盆地侏罗系	柴达木盆地第三系	渤海湾盆地沙河街组	三塘湖盆地二叠系	准格尔盆地二叠系	鄂尔多斯盆地延长组
有利面积（$\times 10^4$km²）		0.7～1	2～3	9～11	0.5～1	6～8	8～10
烃源岩	岩性	湖相泥岩	湖相泥岩	湖相泥岩	湖相泥岩	湖相泥岩	湖相泥岩
	厚度（m）	30～60	200～1200	100～300	50～700	10～35	20～110
	TOC（%）	1～5	0.4～1.2	1.5～3.5	1～6	3～4	2～20
	R_0（%）	0.5～0.9	0.6～1.8	0.5～2	0.6～1.2	0.6～1.5	0.7～1.1
储层	岩性	粉细砂岩	泥灰、藻灰岩、粉砂岩	粉细砂岩、碳酸盐岩	泥灰岩、灰质白云岩、泥灰质泥岩	灰质粉砂岩、灰质白云岩	粉细砂岩
	厚度（m）	30～200	100～150	100～200	10～100	80～200	20～80
	孔隙度（%）	4～10	5～8	5～10	3～13	3～10	2～12
	渗透率（mD）	<1	<1	0.2～1	0.1～1	<1	0.01～1
原油密度（g/cm³）		0.75～0.85	0.67～0.85	0.85～0.9	0.87～0.92	0.8～0.86
压力系数		0.7～0.9	1.3～1.4	1.24～1.8	1～1.2		0.75～0.85
资源量（$\times 10^8$t）		1～1.5	3.6～4.4	20.5～25.4	0.9～1.2	15～20	35.5～40.6

3.7.3　鄂尔多斯盆地上三叠统延长组致密油

鄂尔多斯盆地晚三叠世为大型内陆坳陷湖盆沉积，致密油主要发育在长（4+5）、长6、长7、长8、长9油层组等原始湖盆中心的致密砂岩中，多层系叠合，油气大面积分布于伊陕斜坡及原盆中心，整体构成面积（8～10）$\times 10^4$km² 的连续型致密大油区，预测地质资源量为（3.5～4.0）$\times 10^9$t。大型敞流型浅水三角洲、湖盆中心砂质碎屑流广泛发育，形成了大规模储集体，为致密油的形成提供了储集基础。以陕北地区长6油层组为例，在区域性西倾单斜的控制下，安边、志靖、安塞三角洲沉积体系向湖盆中心大规模进积，与湖盆中心广泛发育的砂质碎屑流砂体对接，形成大规模连片展布的储集体。砂体单层厚度

20~80m，南北向延伸距离达 350km，展布面积超过 $3.0\times10^4km^2$。广覆式优质烃源岩持续生排烃，保障了持续的油气供应，并为致密油的形成提供了主要动力。鄂尔多斯盆地上三叠统长 7 为主的有效烃源岩面积 $8.5\times10^4km^2$，厚度 20~110m，TOC 为 2.0%~20%，R_o 为 0.7%~1.1%。大面积展布的储集体紧邻广覆式优质烃源岩发育，纵向上叠置连片，无明显圈闭和直接盖层，烃源岩生成的油气在源储压差的作用下，弥散状整体运聚，最终形成遍布盆地斜坡、中心的连续型致密大油区（图 3.9）。仅长 6、长 7 致密油资源量达 2×10^9t 以上。

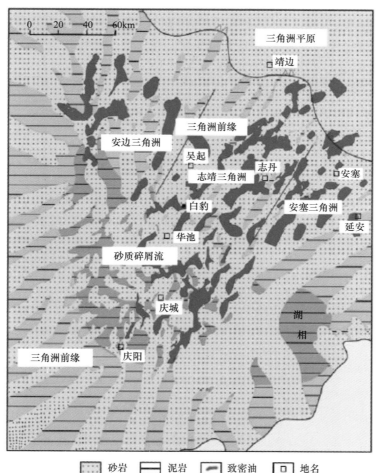

图 3.9　鄂尔多斯盆地中生界致密大油区平面展布

3.7.4　四川盆地侏罗系致密油

四川盆地致密油主要发育在侏罗系冲积扇—湖相沉积体系中，构造上属于川中低缓褶皱带，自南东向北西逐渐倾覆，总体构造宽平，断裂少。全区发育 5 套含油层系，自下向上分为珍珠冲段、东岳庙段、大安寨段、凉高山组及沙溪庙组，东岳庙段和大安寨段储层为介壳灰岩，其余层段储层为粉—细砂岩，具备大面积整体含油的条件。在（7~11）$\times$ 10^4km^2 的范围内，分布有七百多口工业油流井（产油>1t/d）和二百多口低产油井（产

25

油>0.1t/d）。平面上，沙溪庙组、凉高山组及大安寨段储层展布面积均超过 $1×10^5\,km^2$，占盆地总面积的 56％以上。纵向上，储层相互叠置，沙溪庙组沙一段砂岩厚度 10～200m，凉高山组砂岩平均厚度大于 30m，大安寨段介壳灰岩主体厚度介于 5～30m，最大超过 40m，3 层累计厚度超过 300m。四川盆地侏罗系发育 4 套生油岩，主要集中分布在下侏罗统，包括珍珠冲段、东岳庙段、大安寨段及凉高山组黑色泥、页岩，烃源条件良好，具有展布范围广、有机质生烃潜力大及生烃强度高等特点。有效烃源岩展布面积 $1×10^5\,km^2$，厚度 40～240m，TOC 为 0.8％～3.0％，生烃潜量 6.59～7.24mg/g，R_o 介于 0.9％～1.4％（表 2.6），生烃强度较高，如川中东北部，生烃强度大于 $2×10^5\,t/km^2$ 的面积有 $7×10^4\,km^2$，生烃强度大于 $5×10^5\,t/km^2$ 的面积有 $3.5×10^4\,km^2$（图 3.10）。优质烃源岩的持续生烃作用与源储紧邻的配置相结合，油气以短距离运移为主，形成了侏罗系致密油区，预测地质资源量为（15～18）$×10^8\,t$。

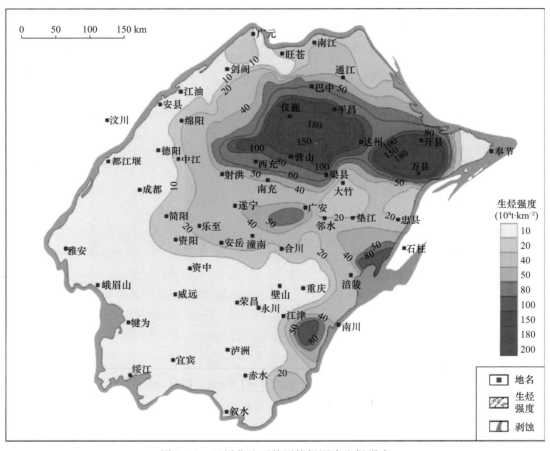

图 3.10　四川盆地下侏罗统烃源岩生烃强度

3.7.5　中国致密油发展前景

中国致密油分布范围广，类型多。以鄂尔多斯盆地中生界延长组致密砂岩、川中侏罗系致密砂岩与致密灰岩等最为典型，在烃源岩、储层、地层压力、原油品质等方面与 Bakken 致密油、Eagle Ford 致密油具有可对比性，特别是源储配置方面，鄂尔多斯盆地延长组致密油甚至优于 Bakken 致密油（表 2.6）。此外，松辽盆地中深层青山口组和扶杨组致密砂岩、准噶尔盆地二叠系平地泉组和芦草沟组白云化岩、三塘湖盆地二叠系芦草沟组致密灰岩、吐哈盆地侏罗系致密砂岩、酒泉盆地白垩系致密灰岩等均具备形成致密油的地质条件，初步评价中国致密油地质资源量达（$1.1\sim1.35$）$\times10^{10}$ t，可见中国致密油具有广阔的勘探前景，需要重新评价经济可采资源量。

核心技术的突破与创新是非常规油气实现高效勘探开发的关键。三维地震预测储层和裂缝展布，水平井—多分支井的多级分段压裂技术改善了储层物性，提高了渗流能力，有效支撑了北美致密油的商业化开发。目前 Bakken 致密油双分支井分段压裂数量已达 80 段，初期产量达 100t/d，稳产期产量约为 20t/d。目前，川中侏罗系致密油多采用直井技术，开采方式为自然能量衰减或弹性驱动，无后期酸化压裂等增产措施，单井平均产量为 0.9t/d。鄂尔多斯盆地长 7，目前有 300 余口井应用压裂技术，获得工业性油流，新应用大型混合水压裂方法，单井日产超过 20t/d，成为中国致密油发展最现实的地区。因此，加强水平井及多级分段压裂技术的规模应用，是实现中国致密油效益勘探开发的关键。

3.8 结论

常规油气是指单体型或集群型分布的圈闭油气资源，现今常规技术能经济开采。非常规油气是指连续型或准连续型分布的大面积油气资源，现今常规技术无法经济开采，需水平井、"工厂化"等特殊开采方法。

常规与非常规油气本质区别在于是否受圈闭控制、是否连续分布、单井是否有自然工业产量。目前，常规油气面临非常规的问题，非常规需要发展成新的"常规"。随着技术进步，非常规可以向常规转化。常规油气研究的灵魂是成藏，目标是回答圈闭是否有油气。非常规油气研究的灵魂是储层，目标是回答储层有多少油气。勘探领域由常规油气向非常规油气发展，是继单体型构造油气藏转变为集群型岩性地层油气藏，目标从孤立状构造圈闭过渡为集群状岩性地层圈闭之后的又一次重大跨越。找油气的思想从寻找圈闭过渡为寻找无明显圈闭界限的储集体层系，大面积有利储集体成为油气勘探的核心。因此，非常规油气的勘探开发，必须要有非常规思路和技术作为支撑。全球非常规油气突破带来如下重要启示：①非常规油气发展要分层次展开和工业化试验，中国非常规油气优先发展的是致密气、致密油，特别是加强在鄂尔多斯盆地、准噶尔盆地、四川盆地、松辽盆地等进行致密油的工业化试验，而煤层气、页岩气需要工业化试验，页岩油、油页岩等要坚持技术攻关，需要继续研究技术可采储量与经济可采储量。②技术突破与规模化应用，是推动非常规油气发展的关键，重点是发展直井多级压裂、水平井分段压裂、高分辨率三维地震储层预测与流体检测等核心技术。③开发模式和管理创新，采用工厂化低成本开发模式，实现工业化效益开采。④国家政策扶持与较高油气价格，为非常规油气发展提供了强劲动力。⑤非常规重大领域突破，需要长期理论创新与技术攻关储备。思想的误区，就是勘探的禁区；解放思想，才能解放油气，才能推动非常规转为常规开采。

非常规油气资源总量大，对保障能源安全、稳定能源供给具有重要的意义。非常规石油地质中尚存重大科学问题，需要石油地质学不断创新。同时，地质研究与勘探开发工作需重点考虑以下三方面问题：一是勘探领域问题，中国非常规油气类型多、层系广，目前应将致密气和致密油作为勘探开发重点；二是资源问题，研究重点应由远景与地质资源量，转向技术可采资源量、经济可采资源量；三是技术问题，必须大力发展非常规油气开发核心技术，包括水平井、多级分段压裂等，需要研究油气在微米、纳米等孔喉系统中的生成、吸附、解析、扩散、聚集与采出等重大理论和技术问题。

预测纳米油气是未来石油工业发展的重要方向之一。伴随全球第6次科技革命浪潮的来临，生命科技、信息科技与纳米科技等交叉融合成为未来发展的主体。初步预计到2030年前后，石油工业将进入纳米科技时代，形成的关键技术包括：①纳米油气透视观测镜，基于纳米CT重构三维储层模型、三维地震透视等；②纳米油气驱替剂，最大限度提高油气采收率；③纳米油气开采机器人，应用于油气勘探开发关键过程。纳米、信息等新技术将成为石油工业的核心和常规技术之一，油气智能化时代也随之到来。

第4章 非常规油气及其地质学

4.1 引言

人类利用能源经历了三次重大转换：木柴向煤炭、煤炭向油气、油气向新能源。随着世界经济对能源需求的持续增长和对低碳生活的高度诉求，以非常规油气为代表的新能源已成为必然趋势。鉴于人类对非常规能源认识的局限性以及开采难度，在未来相当长时期内，新能源难以担当重任，世界能源正在迈入石油、天然气、煤炭、新能源等并存的发展时期。全球未来油气勘探主要有海域深水、陆地深层等领域。如今，非常规油气产量占总产量的比例已超过10%。但未来非常规油气工业化发展还面临如下多方面的问题：①常规思维问题，需要有非常规哲学思想；②传统粗粒沉积学问题，需发展泥页岩、碳酸盐岩与粉细砂岩为核心的细粒沉积学；③常规孔隙储集层问题，需发展纳米级孔隙为核心的非常规储集层地质学；④常规圈闭成藏理论问题，需发展连续型油气聚集理论为核心的非常规油气地质学；⑤传统地球物理学问题，需多方位发展评价预测技术；⑥直井钻探技术问题，需发展水平井规模压裂技术；⑦开采方式问题，需发展多井平台式"工厂化"生产；⑧管理方式问题，需建立全过程低成本管理模式；⑨政策引领问题，需建立市场竞争和财税补贴机制；⑩院校教育问题，需大力培养非常规创新型人才等。本章在系统钻研全球常规、非常规油气理论技术与勘探开发最新进展的基础上，结合岩性地层油气藏等重大科技项目的最新研究成果，系统总结非常规油气的基本内涵、主要类型与特征、资源潜力，明确其勘探开发的核心技术，指出其勘探开发的战略与层次，展望非常规油气地质学的发展前景[48-59]。

4.2 常规与非常规油气地质理论

油气资源可分为常规资源、非常规资源两种基本类型，常规、非常规油气"有序聚集、空间共生"，石油工业已形成常规油气和非常规油气两大工业体系，油气工业发展经历了常规油气、常规与非常规油气并重、非常规油气3个阶段，形成完整的石油工业生命周期。自1859年第1口工业油井钻探成功以来，全球油气工业经历了约60年理论技术探索与缓慢发展，1920年油气当量才突破1.0×10^8 t。20世纪20~50年代，石油地质由找油苗露头转入地下，圈闭油气藏理论逐步形成，地震反射波法与旋转钻井技术开始应用，发现一批构造油气藏，1955年全球油气产量升至1.05×10^9 t。20世纪60~90年代，板块构造理论、生油理论、层序地层学等理论不断发展，数字地震、三维地震、喷射钻井等技术不断进步，海上油田随之出现，发现了一批构造、岩性地层大油气田，全球油气产量快速增长，1995年达5.19×10^9 t。20世纪90年代中期至今，含油气系统、数值模拟、油藏精细表征等技术应用,水平井、多分支井、大位移井等技术发展,地震分辨率不断提高,非常规油气开发利用取得突破性进展(见图 4.1)。

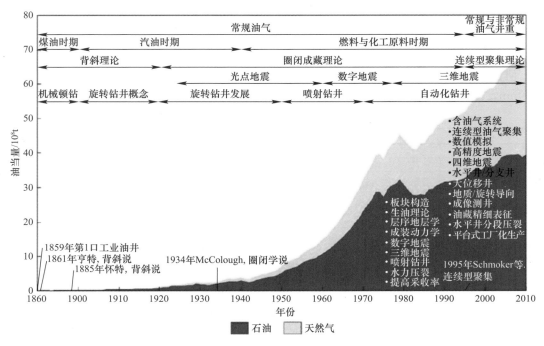

图 4.1　全球油气工业及理论技术发展历程

1934 年 McColough 提出的"圈闭学说"是常规油气地质理论形成的重要标志,其指导了常规油气资源的勘探开发。1995 年 Schmoker 等提出的"连续型油气聚集"理论是开启非常规油气理论的里程碑,为非常规油气资源有效开发利用提供了科学依据。由于找油气理论、技术和方法的不断创新,1956 年哈伯特石油产量"峰值理论"已被颠覆,世界油气产量高峰从 20 世纪 60 年代到 21 世纪 40 年代,石油工业生命周期也很可能会超过 300 年。从常规向非常规油气跨越的石油科技革命,主要形成了两大地质理论和四大核心技术,即常规油气圈闭成藏理论、非常规油气连续型聚集理论,常规油气直井钻探技术、常规油气地震预测技术、非常规油气水平井规模压裂技术和纳米提高油气采收率技术。21 世纪,在新理论与新技术创新推动下,全球非常规油气勘探开发不断获得重大突破,油砂油、重油、致密气、煤层气等成为非常规油气发展的重点领域,页岩气成为非常规天然气发展的热点方向,致密油成为非常规石油发展的"亮点"类型。非常规油气已成为全球油气供应的重要组成部分,全球正在形成美洲的美国和亚洲的中国两大非常规油气战略突破发展区,预测 2030 年全球非常规油气产量将占总产量的 20%以上。中国油气工业发展已进入以常规油气为主的储产量连续增长"高峰期"、以常规和非常规油气并重的重大领域战略"突破期"、以非常规油气为主的科技革命创新"黄金期"。石油地质学向常规油气地质学、非常规油气地质学两个方向发展,基础地质理论研究紧密围绕油气资源潜力与勘探方向,不断突破油气生成最高温度、油气储集最小孔喉、油气聚集最大深度"3 个极限"。非常规油气的突破与发展,已成为中国陆上原油产量稳步增长、天然气产量快速发展的接替资源。未来非常规油气产量将占总产量的 30%~40%。

4.3　非常规油气特征

4.3.1　地质特征

研究表明，非常规油气喉径一般小于 1000nm。常规油气藏储集层喉径一般大于 1000nm，以达西渗流为主。流体流动规律见公式（4.1）及表 4.1。

关键参数取值表　　　　　　　　　　　　　表 4.1

r（μm）	液体相态	b	D_k	η	流动机制
≥1	油	0	0	0	达西流
	气	0	0	0	达西流
0.05~1	油	0	0	1	低速非达西流
	气	≠0	0	0	滑脱流
0.005~0.05	油	0	0	1	低速非达西流
	气	≠0	≠0	0	扩散-滑脱流

$$J = \left[(1+b)\frac{r^2\rho_1}{8\mu_1} + D_k r\right]\nabla p_{1z} \tag{4.1}$$

其中：

$$b = \frac{\mu_1}{p_1}\left(\frac{2}{\alpha}-1\right)\sqrt{\left(\frac{8\pi RT}{M}\right)} \tag{4.2}$$

$$D_k = \frac{2M}{3\times10^3 RT}\sqrt{\left(\frac{8RT}{\pi M}\right)} \tag{4.3}$$

$$p_{1z} = p_1 - \rho_1 gD - \eta G \tag{4.4}$$

以上各参数说明：ρ_1——流体密度（kg/m³）；μ_1——流体黏度（Pa·s）；D_k——扩散系数（s/m）；p_{1z}——折算压力（Pa）；α——切向动量调整系数（0~1）；R——气体摩尔常数 [J/(mol·K)]；T——绝对温度（K）；M——气体摩尔质量（kg/mol）；p_1——1 相流体实际地层压力（Pa）；g——重力加速度（m/s²）；D——到基准面的折算距离（m）；η——启动压力系数（无量纲）；G——油相的启动压力（Pa）。

4.3.2　储集层特征

将原生孔、次生孔 2 大类 5 小类微观孔喉成因进行分类，方案见表 4.2。非常规油气聚集储集层主要发育大规模纳米级孔喉系统，如致密砂岩气储集层孔喉直径主要为 17~680nm。致密砂岩油储集层以鄂尔多斯盆地湖盆中心长 6 油层组为代表，孔喉直径主要为 55~730nm。致密灰岩油储集层以川中侏罗系大安寨段为代表，孔喉直径主要为 45~780nm。纳米级孔喉系统导致储集层致密、物性差，一般孔隙度小于 10%、平均渗透率为 $10^{-6}\mu m^2$，断裂带发育处伴有微裂缝，储集层物性变好，如鄂尔多斯盆地苏里格地区盒 8 段（31729 个数据）平均孔隙度为 6.25%、渗透率为 $0.71\times10^{-3}\mu m^2$，山 1 段平均孔隙度 6.92%、渗透率为 $0.41\times10^{-3}\mu m^2$（13526 个数据）。页岩油气储集层更加致密，孔隙度一般为 4%~6%，渗透率小于 $10^{-7}\mu m^2$，处于断裂带或裂缝发育带的页岩储集层渗透率则有所增加。

致密储集层微观孔隙成因分类方案　　　　表4.2

孔隙成因	孔隙类型		泥页岩			致密砂岩			致密灰岩		
			孔隙连通性	发育程度	孔隙直径(nm)	孔隙连通性	发育程度	孔隙直径(nm)	孔隙连通性	发育程度	孔隙直径(nm)
原生孔	粒间微孔		孤立或连通	少量	8~610 (230)	孤立或连通	少量	20~250 (170)	孤立或连通	少量	30~200 (80)
	晶间微孔		孤立	少量	60~100 (30)	孤立	少量	未见	孤立	少量	未见
次生孔	粒内微孔	有机质微孔	连通或孤立	发育	15~890 (200)						
		无机矿物微孔	连通或孤立	较发育	10~610 (270)	连通或孤立	发育	20~4000 (1000)	连通或孤立	发育	50~400 (200)
	粒间溶蚀微孔		连通	较发育	10~4080 (1200)	连通	发育	50~5000 (1500)	连通或孤立	少量	100~400 (150)
	微裂缝		较连通或较孤立	少量	50~1800 (600)	较连通或孤立	较发育	30~570 (430)	较连通或孤立	少量	100~350 (300)
实例			四川盆地须家河组及志留系，鄂尔多斯盆地延长组			四川盆地须家河组，鄂尔多斯盆地延长组			四川盆地侏罗系		

注：括号内数值为平均值。

4.3.3　分布特征

非常规油气主要分布在源内或近源的盆地中心、斜坡等负向构造单元，大面积"连续"或"准连续"分布，局部富集，突破了传统二级构造带控制油气分布概念，有效勘探范围可扩展至全盆地，油气具有大面积分布、丰度不均一特征。源储一体或储集体大范围连续分布、圈闭无形或隐形决定了非常规油气大面积连续分布，油气聚集边界不显著，易形成大油气区或区域层系。如页岩油气自生自储，没有明确圈闭界限与气水界面。源储直接接触的盆地中心及斜坡区油气聚集，空间分布具有"连续性"。非常规油气连续型聚集的 3 个关键要素：优质烃源岩层、大面积储集层、源储共生。

4.3.4　流动特征

非常规油气聚集的典型特征是无自然工业产量、非达西渗流。以致密砂岩为例，渗流机理受孔渗条件和含水饱和度控制，存在达西流和非达西流双重渗流机理，广泛存在非达西渗流现象。致密油气具有滞流、非线性流、拟线性流 3 段式流动机理。碳酸盐岩中连通的缝洞体、致密砂岩中的溶蚀相带或裂缝带是油气富集的"甜点区"。

4.3.5　开采特征

非常规油气储集层致密，一般无自然工业产量，需采用人工改造、大量钻井、多分支井或水平井等针对性的开采技术提高产能，主要具有以下开采特征：①油气连续性区域分布，局部发育"甜点"；②无统一油气水界面，产量有高有低；③开发方案编制主要基于油气外边界确定和资源预测；④典型的"L"形生产曲线（见图 4.2），第 1 年递减率超50%，长期低产稳产；⑤需打成百上千口井，没有真正"干井"；⑥采收率较低，一次开采为主，靠井间接替；⑦以水平井体积压裂与平台式工厂化生产为主；⑧没有地质风险，但效益有高低。

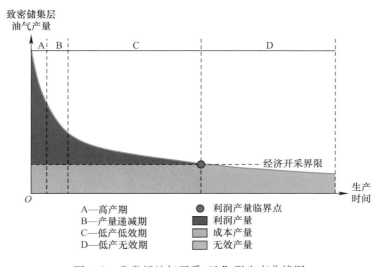

图 4.2　非常规油气开采"L"形生产曲线图

一般非常规致密储集层水平井体积压裂后，全生命周期油气生产可分为 4 个阶段，可用公式（4.5）进行计算：①高产期，即图 4.2 中 A 区，油气主要产自"人工"压裂缝网，流体主要以达西渗流为主；②产量递减期，图 4.2 中 B 区，油气主要产自"甜点区"，流体以达西与非达西渗流为主；③低产低效期，图 4.2 中 C 区，油气主要产自微米—纳米级孔隙，流体以滑脱流动为主；④低产无效期，图 4.2 中 D 区，油气主要产自纳米级孔隙，流体以解吸、扩散流动为主。

$$q = \frac{p_e - p_W - 2\eta G\{\sqrt{\zeta_B(t-t_A)} + \sqrt{\zeta_C[t-t_A-\delta_4(t_B-t_A)]}\}}{S_1\left(\frac{1}{h} + \frac{1}{\pi}\ln\frac{h}{2r_W}\right)\vartheta(t) + \frac{S_2\delta_1}{h}\chi(t) + \frac{(1+b)\pi r^2 h \delta_2}{4\mu_1\ln\frac{4\sqrt{\zeta_C(t-t_B)}}{d}} + \frac{2\pi h \delta_3}{D_k r\ln\frac{4\sqrt{\zeta_D(t-t_e)}}{d}}}$$

$$(4.5)$$

其中，

$$S_1 = \frac{\mu_1}{2K_{F0}(p_e-p_W)^{-m_F}w_F} \quad (4.6)$$

$$S_2 = \frac{\mu_1}{2K_{B0}(p_e-p_B)^{-m_B}\chi_F} \quad (4.7)$$

$$\zeta_A = \frac{K_{F0}e^{-m_F(p_e-p_W)}}{\mu_1 C_t} \quad (4.8)$$

$$\zeta_B = \frac{K_{B0}e^{-m_B(p_e-p_1)}}{\mu_1 C_t} \quad (4.9)$$

$$\zeta_C = \frac{(1+b)r^2}{8\mu_1 C_t} \quad (4.10)$$

$$\zeta_D = \frac{D_k}{C_t} \quad (4.11)$$

$$t_A = \frac{\chi_F^2 \mu_1 C_t}{4K_{F0}e^{-m_F(p_e-p_w)}} \quad (4.12)$$

$$t_A = \frac{\chi_F^2 \mu_1 C_t}{4K_{F0}e^{-m_F(p_e-p_w)}} + \frac{d^2 \mu_1 C_t}{16K_{B0}e^{-m_B(p_e-p_1)}} \quad (4.13)$$

$$\vartheta(t) = \begin{cases} \dfrac{2\sqrt{\zeta_A t}}{\chi_F}, & 0 < t < t_A \\ 1, & t \geqslant t_A \end{cases} \quad (4.14)$$

$$\chi(t) = \begin{cases} \dfrac{2\sqrt{\zeta_B(t-t_A)}}{\chi_F}, & t_A < t < t_B \\ \dfrac{d}{2}, & t \geqslant t_B \end{cases} \quad (4.15)$$

以上各参数说明：J——总质量流量（kg/(s·m²)）；b——滑脱系数（无量纲）；r——基质孔隙直径（m）；p_e——初始地层压力（Pa）；P_w——井底流压（Pa）；t、t_A、t_B——生产（不同阶段）时间（s）；t_e——达到经济开采界限的时间（s）；ζ_A、ζ_B、ζ_C、ζ_D——不同开采阶段的导压系数（m²/s）；S_1、S_2——人工压裂区、"甜点区"的渗流系数 [(Pa·s)/m³]；h——储集层有效厚度（m）；r_w——井筒半径（m）；$\vartheta(t)$、$\chi(t)$——分段函数；δ_1、δ_2、δ_3、δ_4——生产阶段控制系数（无量纲）；d——两条裂缝间距的一半（m）；

K_{F0}——初始人工压裂裂缝渗透率（md）；m_F——人工压裂裂缝渗透率应力敏感系数（无因次）；w_F——人工压裂裂缝宽度（m）；p_B——产量递减阶段平均地层压力（Pa）；m_B——"甜点"区地层渗透率应力敏感系数（无因次）；χ_F——人工压裂裂缝半长（m）；C_t——地层综合压缩系数（1/MPa）；K_{B0}——"甜点"区地层初始渗透率（md）；下标1——地层流体（油或气）；A、B、C、D——不同开采阶段序号。

高难度的开采技术，要求非常规油气开采宜采用累计产量、实现全生命周期的经济效益最大化、生产区油气产量稳定或增长主要通过井间接替实现。

4.4　非常规油气与常规油气的区别

一般来说，非常规油气资源是指用常规技术不能经济开采、地层中难以自然流动的油气。常规油气资源是指常规技术能够经济开采圈闭中易于自然流动的油气。常规、非常规油气"有序聚集、空间共生"，非常规油气资源普遍分布，圈闭中聚集的常规油气资源是其中富集"甜点"，分布局限。油气有无明显受圈闭控制、单井有没有自然工业产量是非常规与常规油气的本质区别。常规油气研究的核心是回答圈闭有效性及"圈闭是否成藏"，重点评价"生、储、盖、运、圈、保"等要素的匹配关系，勘探目标是寻找含油气圈闭边界，开发追求油气藏长期高产和稳产，工作关键是编制圈闭平面分布图、油气藏剖面图和圈闭要素表的"两图一表"（见表4.3）。随技术方法进步，可推动非常规油气向常规油气转化。非常规油气研究核心是确定储集层有效性及"储集层是否含油"，重点评价"岩性、物性、脆性、含油性、烃源岩特性与应力各向异性"6性及其匹配关系；勘探目标是寻找"甜点区"和富集段，确立连续型或准连续型油气区边界；开发追求初期高产与长期累产；工作关键是编制出成熟烃源岩厚度平面分布图、储集层厚度平面分布图、储集层顶面构造图和核心区评价表的"三图一表"。

非常规油气与常规油气主要区别表　　　　　　　表 4.3

油气类型	开采模式	开发方式	勘探方法	技术攻关	地质研究内容	关键图表
常规油气	单井高产稳产	产能目标建设	获得发现	地震目标预测	优选圈闭	两图一表：圈闭平面构造分布图，油气藏剖面图；圈闭要素表
非常规油气	单井累产	平台式工厂化生产试验区建设	突破"甜点"	水平井体积压裂	优选核心区	三图一表：成熟烃源岩厚度平面分布图，储集层厚度平面分布图，储集层顶面构造图；核心区评价表
	井间接替	探索降低成本工艺	确定连续型油气区边界	纳米技术提高采收率	确定富集"甜点"	

4.5　非常规油气地质学

随着理论探索和技术创新的不断进步，非常规油气工业体系和非常规油气地质学也得以飞快发展。非常规油气地质学的内涵是指研究非常规油气类型、形成机理、分布特征、富集规律、产出机制、评价方法、核心技术与发展战略的一门新兴油气地质学科。非常规油气地质学的核心是研究储集层的有效性及"储集层是否含油",重点是研究"岩性、物性、脆性、含油性、烃源岩特性与应力各向异性"及匹配关系,而常规油气地质学的核心是研究"圈闭是否成藏",重点是研究"生、储、盖、圈、运、保"等要素及匹配关系。

4.5.1 非常规油气地质学的发展史

早在1934年,Wilson. B. W提出的油气藏分类方案中就预测有非常规油气藏存在,但当时认为该类油气藏没有勘探价值。直到20世纪80年代以来,随着石油地质理论的发展与工程技术的进步,致密气、煤层气、页岩气、重油沥青、致密油等才逐渐成为全球油气储产量增长的重要领域。1995年美国的Schmoker等针对致密砂岩、煤岩、页岩等非常规储集层中油气大面积聚集分布、圈闭与盖层界限不清、缺乏明确油气水界面的特点,提出了"连续型油气聚集"的概念,这是非常规油气地质理论科学发展的重要标志和理论内核[33]。

4.5.2 非常规油气研究探索领域

非常规油气类型多样,不同类型的地质特征、聚集机理与分布规律既有共同之处,也有很大差异。大多数表现为源储共生、储集层致密、资源丰度低等特点,能否形成工业化油气聚集主要取决于是否发育大规模优质成熟烃源岩、是否形成大面积致密储集层。建立了不同喉径下限油气运聚模式和理论公式、非常规油气开采"L"形生产曲线与产量理论预测模型,揭示了非常规油气形成机理与开采规律。非常规油气平面分"甜点区"、含油气区和非油气区。非常规油气地质学的研究内容主要包括以下6个方面:①优质烃源岩的生烃潜力与空间展布;②大面积致密储集层微米—纳米级孔喉系统及其有效性;③岩性、物性、脆性、含油性、烃源岩特性与应力各向异性"六性"匹配关系;④油气充注次序、充注极限、流动机理;⑤富集段与"甜点区"的评价优选;⑥不同类型非常规油气资源潜力、发展策略与针对性技术。非常规油气资源评价要明确连续油气分布边界、高产"甜点区"边界、储量产量经济边界。

4.5.3 非常规油气研究方法与意义

非常规油气地质学更加强调从宏观—微观—超微观不同级别尺度,研究非常规油气的形成机理、分布特征、富集规律与产出机制等。初步形成了"千米、米、厘米、毫米、微米、纳米"6个级别尺度的研究方法。从千米—米级宏观尺度,运用遥感沉积学、数字露头学、层序地层学、地震储集层学、测井储集层学等相关学科知识,使用遥感图像解译、地层对比、地球物理预测等技术方法,开展沉积储集层区域演化模式与分布特征、沉积储集体三维空间展布特征等研究。从厘米—微米级微观尺度,运用细粒沉积学、储集层地质学等相关学科知识,使用显微镜、工业CT、微米CT、扫描电镜等实验技术方法,开展细粒沉积物的沉积作用、成岩作用及演化过程等研究。运用纳米技术与材料等学科知识,使用场发射扫描电镜、纳米CT、聚焦离子束(FIB)等,开展纳米级孔喉结构、油气赋存与流动机制等研究,向"油气分子地质学"发展。应用地震、测井、岩心实验分析等技术方法，研究岩性、物性、脆性、含油性、烃源岩特性与应力各向异性"六性"关系，综合评价非常规油气富集"甜点区"与集中段，为水平井设计和规模有效压裂提供依据。

非常规油气大规模开发带来了油气地质认识、勘探开发技术与开采模式的重大变革，突破了传统常规石油地质学中许多认识，主要体现在 5 个方面：①突破了储集层物性限制，致密岩石、烃源岩都可以形成有效储集层；②突破了盖层封堵限制，致密储集层本身具有盖层功能，水势能也能封堵；③突破了圈闭界限限制，大面积层状储集体可储存油气，圈闭界限不明显；④突破了运移动力限制，浮力作用不明显，生烃增压和毛细管压力差也可成为主要动力，通常遵循非达西渗流定律，油气水差异分布不明显；⑤突破了聚集区位限制，非常规油气主要分布在盆地中心、斜坡等负向构造单元。

非常规油气地质学研究的意义在于要用非常规思想，不断探索新理论、新方法、新技术、新管理，解决非常规油气勘探开发快速发展的理论技术和生产需求。非常规油气地质学发展对石油工业发展、世界能源格局重构、非常规思想形成都具有重要意义。

第5章 页岩气开采历史与现状

5.1 国外页岩气发展历程

国外页岩气开采的发展主要以北美（美国和加拿大）为代表，故这里只简要介绍美国页岩气开采业的发展历程与现状[22]。

美国是世界上最早发现、研究、勘探和开发页岩气的国家，并已经取得了成功。美国页岩气勘查开发的历程代表了世界页岩气的发展历程。

5.1.1 世界上页岩气勘查开发的最早期（1821～1975 年）

1821 年，Mitchell 能源公司在美国东部纽约州 Chautauqua 县泥盆系 Perrysbury 组 Durdirk 页岩中钻探，在井深 21m 处，从 8m 厚的页岩裂缝中产出天然气。标志着美国（也是全球）第一口商业页岩气井诞生。该井生产的天然气满足了 Fredonia 地区的照明和部分生活的需要，一直供气到 1858 年。

1863 年，在美国东部的伊利诺伊盆地泥盆系和密西西比系页岩中发现低产气流。19 世纪 80 年代，美国东部地区的泥盆系页岩气有相当大的产能规模，勘探开发范围涉及了美国东部的纽约、宾夕法尼亚、俄亥俄、肯塔基、弗吉尼亚等州或地区，进行了大量的浅层钻探，但都不理想。

1914 年，在阿巴拉契亚盆地泥盆系 Ohio 页岩钻探中获得日产 2.83 万 m³ 的高产气流，同时发现了世界第一个页岩气田——Big Sandy 气田，该气田是美国页岩气早期勘探开发的重大成果。1926 年，该气田的含气范围由阿巴拉契亚盆地的东部扩展到西部，并成功实现了商业性开发，成为当时世界已知的最大气田。

20 世纪 20 年代，美国页岩气勘查开发主要集中在东部地区，成功实现了商业性开发，开始现代化工业生产，主要产于阿拉契亚盆地富含有机质的泥盆系页岩中。至 20 世纪 70 年代中期，页岩气勘探开发区扩展到中、西部，步入规模化发展，年产 20 亿 m³。

5.1.2 勘查技术与地质理论同步攻关期（1975～2000 年）

1976 年，美国能源部及能源研究开发署（ER-DA）联合国家地质调查所、州级地质调查所、大学以及工业团体，实施了针对页岩气研究与开发的东部页岩气工程（EGSP），主要包括阿巴拉契亚、密执安和伊利诺伊盆地，目的是加强对页岩气的地质、地球化学、开发工程等方面的理论研究与技术攻关，全面开展目的层地质、地球化学条件的定性和定量描述、经济评价、增产工艺和钻井、完井工程设计等技术的研发，确认了以阿巴拉契亚盆地泥盆系和密西西比系为代表的东部地区黑色页岩的产气能力和巨大资源潜力，使页岩气资源正式成为新的天然气资源和勘探开发目标。同期，对福特沃斯盆地的 Barnett 页岩开展了深入研究。

1980 年，为了摸清页岩气的分布规律并发现新的页岩气田，进行资源潜力评价，美国天然气研究所（GRI）开始实施了包括资源鉴定、提高产量、压裂技术、水管理等 30 多个研究项目在内的东部含气页岩研究计划，新的发现不断产生，页岩气勘探和研究迅速向其他盆地扩展。1981 年，Mitchell 能源公司在得克萨斯州北部福特沃斯盆地 Barnett 页岩钻探了第一口取芯评价井，并大胆地对 Barnett 页岩段进行了氮气泡沫压裂改造，次年发现了 Barnett 页岩气田，由此将页岩气产区从美国东部迅速推向了中南部地区。

20 世纪 80 年代后，水力压裂、水平井钻探、分段压裂及重复压裂等技术迅速发展并不断成功推广应用，推动了美国页岩气的商业性开采。

20 世纪 90 年代，美国天然气技术协会（GTI）组织力量对泥盆系和密西西比系页岩气潜力、地层评价、裂缝描述、取心技术、套管井设计、水力压裂技术、水平井钻完井技术和提高采收率等关键问题进行深入探讨，逐步构建了以岩芯实验为基础、以测井定量解释为手段、以地震预测为方向、以储集层改造为重点和以经济评价为主导的勘探开发体系。

5.1.3　快速发展期（2000～2006 年）

2000 年以后，美国加快了页岩气开发的步伐，页岩气勘探开发技术不断提高，并得到了广泛应用，同时密集的井网部署使页岩气的采收率提高了 20%，钻井数和年生产量迅速攀升。

2001 年，美国能源信息管理局所列其境内 12 大气田中，8 个属于非常规气田，包括福特沃斯盆地 Newark East（Barnett 组页岩）和密歇根盆地 Antrim 组页岩气田。

2002 年，随着 Devon 能源公司的 7 口 Barnett 页岩气实验水平井取得成功，水平井逐渐成为页岩气开发的主要钻井方式。此后，许多公司尝试水平井压裂技术，页岩气井产量成倍增加，由此拉开了页岩气产业快速发展的序幕。

2004 年，水平井分段改造和清水压裂技术得到快速普及，获得良好效果，单井日产量可达到 6.37 万 m^3。

2005 年，美国第一次在 Barnett 页岩使用水力喷射压裂技术，作业者使用水力喷射环空压裂工艺对 Barnett 页岩中的五十多口井进行了压裂。经过对增产效果评价，其中二十多口井取得了经济和技术上的成功，压裂后页岩气井的产量比压裂前产量明显增加，并且在持续生产一定时间后效果更加明显。同年，同步压裂技术（交叉式压裂技术）试验成功，这种施工方式可促使产生更复杂的缝网，增加储层改造体积，平均产量比单独压裂可类比井提高 21%～55%，而且成本降低 50% 以上。

2006 年以前美国的页岩气产量基本来自 Barnett 页岩和 Antrim 页岩，2006 年后，Haynesville、Woodford、Eagle Ford、Fayetteville、Marcellus 等页岩相继得以开发。2006 年，美国正在进行商业生产的页岩气井数达到了四万余口，页岩气产量达到 311 亿 m^3，占美国天然气总产量的 5.9%。

随着水平井钻完井、大型水力压裂、分级压裂、多井同步压裂等先进技术的不断突破，"井工厂"批量生产作业模式的规模得到应用和推广，这不但大幅提高了页岩气单井产能，而且延长了页岩气井开采年限，有效降低了页岩气开采成本。同时在页岩气资源评价、地质选区、储层改造和经济评价技术等方面不断创新，使北美页岩气跨入高速发展阶段。

5.1.4 产量快速上升期（2007 年以来）

2007 年以来，北美页岩气跨入了高速发展阶段，超过了致密砂岩气和煤层气。至今，美国页岩气生产井数超过十万口，产量达 1000 亿 m³，占美国天然气总产量的 30%，取代俄罗斯成为世界最大的天然气生产国。

至今已在美国大部分地区和西加拿大地区的 50 余个盆地 40 多片页岩层中确定有页岩气存在，几乎囊括了北美地区所有的海相烃源岩。页岩气年产量超过 50 亿 m³ 的页岩有 Woodford（52 亿 m³）、Montney（62 亿 m³）、Haynesaville（93 亿 m³）、Fayettville（145 亿 m³）和 Barnett（475 亿 m³）。页岩气的开发深度由早期的 180～2000m 加深至 2500～4500m，个别盆地达 6000m。生产井数年增幅 10%～15%（约 3500～4500 口），尤其是水平井数量大幅增加，占井数的 75% 以上。水力压裂等技术的突破使储层改造费用减少了 65%，而最终采收率提高了 20%。在过去十多年里，美国页岩气产量增加了 10 倍，近年来实现了年年翻番。

5.1.5 美国主要产气页岩的基本特点

美国页岩气主要产于石炭系、白垩系、侏罗系和泥盆系。富有机质泥页岩净厚度范围为 6～183m，多数在 30～90m 之间。成熟度为 0.4%～4%。有机碳含量变化范围为 0.45%～25%，其中低热演化页岩有机碳含量范围为 0.5%～25%，中高演化页岩有机碳含量为 0.45%～14%。低演化页岩孔隙度为 9%～14%，高演化页岩孔隙度为 1%～10%。页岩含气量变化范围为 0.4～9.9m³/t，Barnett 页岩含气量最高，在 8.5～9.9m³/t 之间，Lewis 含气量最低，在 0.4～1.3m³/t 之间。在开发过程中，Antrim 和 New Albany 两片低演化页岩产一定量的水，其余几片页岩不产水。开发深度范围约为 140～5000m，其中，热成因页岩气的开发深度范围为 900～5000m，生物成因页岩气的开发深度范围为 140～700m。

5.1.6 美国支持页岩气勘探开发的有关政策法规

从 20 世纪 90 年代开始，美国政府实施了一系列鼓励替代能源发展的税收激励和补贴政策。

1990 年的《税收分配综合协调法案》，扩大了非常规能源的补贴范围。1992 年的《能源税收法案》，美国联邦能源管理委员会取消了管道公司对天然气购销市场的控制，规定管道公司只能从事输送服务，大幅度降低了非常规天然气的供应成本。1997 年的《纳税人减负法案》，延续了替代能源的税收补贴政策。2004 年的《美国能源法案》，规定 10 年内政府每年投资 4500 万美元用于包括页岩气在内的非常规天然气研发等。2005 年的《能源政策法案》从《安全饮用水法》中免除水力压裂，解除环境保护局对这一过程的监管权力，从而让水力压裂技术很快应用起来。

5.2 我国页岩气发展历程

我国页岩气的开发与研究起步较晚。21 世纪初，受国内天然气需求增长和美国页岩气大范围商业性开发的影响，页岩气资源得到了中央的高度重视，相关政府部门、企业及科研院校等做了大量探索性工作。

5.2.1 资源调查情况

自 2004 年我国有关单位开始跟踪调研国外页岩气研究和勘探开发进展，对我国页岩气地质条件进行初步分析，得出中新生代含油气盆地页岩气资源前景，盆地内和出露区古生界富有机质页岩分布规律和资源前景。对比中美页岩气地质特征，重点分析上扬子地区页岩气资源前景，初步优选远景区。

2009 年启动的"中国重点地区页岩气资源潜力及有利区优选"项目，以川渝黔鄂地区为主，兼顾中下扬子和北方，开展页岩气资源调查，优选页岩气远景区。在重庆市彭水县实施了我国第一口页岩气资源战略调查井——渝页 1 井，该井从 100m 开始遇下志留统龙马溪组富有机质页岩层系，完钻井深 325m，获取岩心 200m，通过岩心解析获取了页岩气气样，通过等温吸附模拟研究了该层段富有机质页岩的吸附能力，通过分析测试，获取了系统的页岩气资源潜力评价参数数据。该井数据揭示了我国南方台隆地区古生界页岩气的广阔前景，为在区域范围内进一步实施我国页岩气资源战略部署和勘探开发提供了重要基础。

2010 年，根据我国页岩气地质特点，分三个层次在全国有重点地展开页岩气资源战略调查：①在上扬子川渝黔鄂地区，针对下古生界海相页岩，建设页岩气资源战略调查先导试验区；②下扬子苏皖浙地区，开展页岩气资源调查；③华北、东北、西北部分地区，重点针对陆相、海陆过渡相页岩，开展页岩气资源前景研究。通过上述工作，总结了我国富有机质页岩类型、分布规律及页岩气富集特征，确定了页岩气调查主要领域及评价重点层系，探索了页岩气资源潜力评价方法和有利区优选标准。

2011 年启动的"全国页岩气资源潜力调查评价及有利区优选"项目，将我国陆域划分为上扬子及滇黔桂区、中下扬子及东南区、华北及东北区、西北区、青藏区 5 个大区，组织开展全国页岩气资源潜力调查评价及有利区优选。继续开展先导试验区建设工作，建立页岩气资源评价方法及有利区优选标准。同时开展页岩气勘探开发技术方法规范标准研究。

过去几年国家财政出资共实施页岩气资源战略调查井 10 口，分别揭示了不同埋深的震旦系、寒武系、志留系、二叠系等 4 个层系，并在 6 个富有机质页岩层段中发现页岩气，获得了系统的页岩气地质参数，钻探成功率达到 100%。我国页岩气资源潜力大，分布面积广，发育层系多，具有实现页岩气跨越式发展的有利条件。据国土资源部初步完成的资源潜力预测，我国上扬子及滇黔桂区、中下扬子及东南区、华北及东北区、西北区的页岩气资源潜力有 25 万亿 m^3。

5.2.2 勘查探索进展

2009 年以来，我国通过与国外合作和自主探索，积极开展了页岩气勘查开发工作。石油业累计完成二维地震万余 km、三维地震千余 km²，完钻八十余口页岩气（油）井，其中四十多口井经过压裂获得了工业气（油）流，成功率 50％。其中直井近 50 口，有 13 口获得工业气流。水平井 30 口，均获得工业气流和油流（图 5.1）。

（1）中石油

勘查开发主要集中在四川盆地及周边富顺-永川、昭通、长宁、威远四个区块，有利勘探面积约 2 万 km²。中石油共完成二维地震近 6km、三维地震 400km²；钻探页岩气地质浅井 23 口、页岩气直井 30 口、页岩气水平井 12 口，总进尺 8.5 万 m；获工业气流井 19 口（其中水平井 5 口）。在川滇黔的威远、长宁、昭通和富顺—永川 5 个有利区域，完钻页岩气探井 31 口，其中直井 22 口、水平井 9 口，获工业气流井 18 口（其中水平井 5 口），其中威 201-H1 日产稳定在 1.15 万～1.34 万 m³。

（2）中石化

勘探开发主要地区四川盆地及周缘元坝地区、涪陵地区、川西地区、建南地区、重庆彭水、湖南涟源和贵州黄平。

截至目前，共完成二维地震约 2300km；页岩气钻井 15 口（页岩气水平井 9 口），总进尺约 30000m；已完成页岩气水平井分段压裂 3 口，正在实施 2 口井，直井压裂 13 口；页岩油水平井 8 口，总进尺 20000m，水平段压裂 2 口，正实施 2 口，完成常规兼探直井压裂 2 口。

在渤海湾、四川盆地及周缘共钻页岩气（油）探井 19 口，其中直井 7 口、水平井 12 口，压裂获页岩气工业气流 6、页岩油工业油流 1 口，其中建页 HF-1 井日产气稳定在 2500～3000m³，泌页 HF-1 井日产油稳定在 4～5t。

（3）延长石油集团

2008 年开始陆相页岩气勘探试验，勘探开发主要地区鄂尔多斯盆地延长区块。截至目前，共完成二维地震约 1500km、三维地震约 200km²；页岩气钻井 19 口（页岩气水平井 2 口、丛式井 3 口），总进尺约 35000m，压裂试气 8 口，二氧化碳压裂 2 口，水平井 2 口，直井日产气量 2000～3000m³。其中水平井-延页井 1 井为企业自主设计并施工完成，井深 2344m、垂深 1532m、水平段 605m，钻井周期 64 天，分 6 段完成压裂。逐步探索出了一套适合陆相页岩气的钻完井及压裂改造工艺技术。

（4）中海油

勘探开发主要地区安徽芜湖下扬子西部区块。截至目前，已完成二维地震共 300km，钻探地质浅井 4 口，总进尺约 2000m（已完钻 3 口，正钻 1 口）。

（5）华电集团

在贵州，指导贵州黔能页岩气开发有限责任公司实施国土资源部第一口超千米页岩气井岑页 1 井的压裂施工，并完成试气和点火目标。同时，华电完成了贵州岑页 1 井页岩气资源开发及气电一体化示范项目的可行性研究报告。

在湖南，华电完成湘西北 1∶20 万页岩气资源潜力评价，开展《湘西北重点地区资源条件设计》和《湘西北页岩分析测试部分项目设计》两个项目研究，完成了湘西北页岩气

资源有利区优选、野外调查、实验室分析和优选确定了参数井井位，在常德和永顺完成了
两口参数井钻探。

在江西，江西萍乡—乐平重点远景区页岩气资源调查评价项目、江西修水-武宁有利
目标区页岩气资源调查评价和江西武宁页岩气勘查示范工程。

在四川，华电完成了《四川广元地区油气矿业权空白区页岩气资源潜力评价》和《内
江地区下古生界页岩气资源调查评价》报告。

5.2.3　资源管理工作

国土资源部在近年来开展的页岩气资源调查评价和研究的基础上，通过与天然气、煤
层气对比，开展了页岩气新矿种论证、申报工作。经国务院批准将页岩气作为第 172 个新
的独立矿种进行管理。同时，国土资源部制定了页岩气资源管理工作方案，进一步明确了
页岩气资源管理的思路、工作原则以及主要内容和重点等，提出"调查先行、规划调控、
竞争出让、合同管理"的工作思路，有序推进页岩气勘探开发工作，在全国划分了页岩气
资源远景区和有利区，为加强页岩气矿业权管理提供了依据。

第6章　页岩气生成机理与开采实验

6.1　成藏机理

页岩气藏可表现为典型的吸附机理、活塞式或置换式成藏机理，是天然气成藏机理序列中的重要组成和典型代表。页岩气藏完整的充注与成藏过程可大致分为三个阶段。

第一阶段：初始生成的天然气被吸附在有机质和岩石颗粒上，在该阶段形成的页岩气藏以吸附机理为主。

第二阶段：当吸附气量达到饱和后，剩余的气体便在基质孔隙或裂隙中聚集，其富集机理类似于孔隙型储集层中的天然气聚集，同时，温度、压力的升高会使泥页岩层产生大量裂缝，增加游离气的储集空间。

第三阶段：富余的天然气在生烃膨胀等作用下向外运移、扩散，从而使页岩地层与其中的砂岩薄互层均表现为普遍的含气性。若运移、扩散作用强烈，则会形成一定规模的排烃作用，在地质条件合适的情况下，就可能形成常规气藏或根缘气藏。

6.2　解吸吸附机理

由于黏土矿物颗粒、有机质颗粒及孔隙表面分子与其内部分子受力上的差异，因而存在剩余表面力场，从而形成表面势能，使得气体分子在细小颗粒表面上的浓度增大，也就形成了吸附现象。吸附态是页岩气存在的主要赋存状态之一，也是影响页岩层含气量的关键因素。这种赋存机制增强了天然气存在的稳定性，提高了页岩气的保存能力与抗破坏能力。

页岩气的解吸是吸附的逆过程，在某种程度上与煤层气解吸机理是相同的。在页岩层中，页岩气大部分以物理吸附状态存在，页岩表面分子与甲烷分子间的作用力为范德华力。当处于运动状态的气体分子因外界温度、压力等条件的变化导致动能增加，从而克服引力场，由页岩中脱离成为游离相，即发生解吸现象。

吸附气的解吸机理是页岩气开采的重要机制之一。页岩气的解吸率与页岩中泥质含量及页理发育程度有关：泥质含量越高，页理越发育，其解吸率也就越高。页岩气藏投入开发的初期，其产量主要来自页岩的裂缝和基质孔隙中游离相的天然气。随着游离态天然气的采出，页岩层压力逐渐降低，导致页岩中吸附气被解吸并进入储层基质中成为游离气，再经裂缝系统流入井底，这就是页岩气的开采过程。虽然吸附与游离相天然气同时存在，但吸附相及少量溶解相天然气随着开采过程的继续，会不断地发生解吸从而使页岩层达到一个相对稳定的状态，这也使得页岩气的开采具有产量低但周期长的特点。

6.3 国外页岩气实验测试技术

国外页岩气在岩石学、岩石力学、岩石物理性质、地球化学测试和含气量测定等方面实验测试技术主要进展有：页岩作为烃源岩的实验技术已较为成熟，页岩地层作为储层其实验技术主要在原有常规实验技术的基础上有所创新。

（1）美国犹他大学可测定储气特征参数（吸附、岩石压缩系数等）、页岩储层条件（压力、温度、湿气含量等）、页岩属性（孔隙度、渗透率）、地球化学（TOC、成熟度等）及岩石矿物成分等。

（2）美国 Core lab 公司的页岩气实验室实验测试项目包括测试原地含水饱和度、孔隙度、基质渗透率、总有机碳（TOC）含量以及岩石力学分析。

（3）美国 Weatherford 页岩气实验室能够完成页岩地质学、地球化学、含气量、页岩属性、常规岩心分析、改进岩心分析、岩石力学等方面的实验测试。

（4）美国德克萨斯大学奥斯汀分校最早提出并实施解吸法测试样品含气量。美国 SCAL 公司开发的 Quick-Desorption 快速解吸技术在美国多个含气页岩中实验取得了很好效果。

（5）Intertek 的子公司 Geotech 可进行烃源岩评价、气体组分分析、稳定同位素等测试。

6.4 我国页岩气实验测试技术及存在的问题

我国页岩气实验测试技术在岩石学及页岩地球化学测试方面有较好的技术基础，但岩石力学、岩石物性和含气量测试等核心技术及仪器设备等方面与国外还有较大差距。

（1）国土资源部于 2014 年 4 月发布、6 月 1 日起实施的《页岩气资源/储量计算与评价技术规范》DZ/T 0254—2014 气页岩评价标准。我国页岩，尤其是海相页岩的有机丰度总体偏低，而成熟度总体偏高，有效页岩厚度相对较小等。

（2）近年来获得的测试结果表明，不同实验室对同一页岩样品所测得的 R_o 值的误差有时可以达到 50%，TOC 值的误差可以达到 200%，含气量测试结果误差更大。根据页岩气实验测试技术发展和应用的需要，应建立页岩气实验测试技术标准、标准样品和有效的分析测试质量控制措施。

（3）在页岩力学分析样品采集、加工等方面技术难以获得大体积岩样，而用小体积岩样所获得的力学参数往往与实际情况有较大的差距，不能为制定钻井、压裂方案提供可靠参数指标。

（4）对于物性较好的岩石，在有关物性参数测试方面已有比较成熟的技术方法。但是，对于致密的页岩，由于其孔隙尺度主要分布在纳米级，连通性差，渗透率极低，现有的压汞等实验测试方法效果差，不适用。

（5）我国页岩气储层含气量测定技术是在煤层气测定的技术方法基础上发展起来的，虽然已经研制出可用的现场解吸气测试设备，但测试精度差和数据重现性不高。主要原因在于所使用的设备及其技术原理对于页岩气的针对性和适用性不强，没有技术标准可依，而国外在相关设备和测试技术方面并没有完全开放，部分处于保密状态。

第7章　页岩气勘探与钻完井技术

7.1　地球物理勘探技术

地球物理技术是页岩气勘探开发的重要手段，国外以斯伦贝谢公司为首的一些公司已经建立一套对页岩气储层识别与评价的测井技术和标准。Paradigm 公司的 EarthStudy 的360°全方位角度与成像、解释、可视化和描述系统在利用地球物理手段研究页岩气储层各向异性特征方面做了有益的尝试。美国 MSI 公司开展了对微地震源机理的研究。此外，国外已经开始进行四维垂直地震剖面（VSP）的生产试验，用于研究储层各向异性特征的变化、不断提高裂缝检测的精度。

目前国内的页岩气地震识别、综合预测及储层改造监测都尚处于摸索阶段，取得了一定的成果。2011 年中石油东方地球物理公司在云南彝良小草坝—赫章工区开展了页岩气二维地震勘探采集工程。同年在筠连沐爱地区昭通启动了页岩气三维地震勘探项目，这是国内首个页岩气三维地震勘探项目。同时还启动了四川筠连页岩气非地震勘探项目《富有机质页岩层系非地震勘探技术研究》，这是国内首个页岩气三维时频电磁勘探项目。近几年在长宁地区开展了地震采集技术攻关研究，使地震资料品质有了明显提高，特别是灰岩出露的构造核部，成像效果显著改善。中石化南京物探院开展了泥页岩微观岩石物理分析技术、泥页岩储层测井评价分析技术、泥页岩层系岩性精细识别技术、泥页岩储层各向异性（裂缝和微裂缝评价）分析技术，泥页岩储层脆性评价技术和微地震采集、处理技术、动态监测和压裂评价等技术攻关。

7.2　钻井完井技术

目前，页岩气层钻井主要有直井和水平井两种方式。直井主要目的用于试验，了解页岩气藏特性，获得钻井、压裂和投产经验，优化水平井钻井方案。水平井主要用于生产，可以获得更大的储层泄流面积与天然气高产。

7.2.1　国外钻完井技术

国外水平井钻井技术始于 20 世纪 30 年代，发展于 80 年代。在 2002 年以前，美国页岩气开发主要的钻井方式是直井，自 Devon 能源公司的 7 口 Barnett 页岩气试验水平井取得成功之后，水平井便成为页岩气开发的主要钻井方式。在页岩气水平井钻完井中主要采用的相关技术包括旋转导向技术、随钻测井（LWD）和随钻测量（MWD）技术、按压或欠平衡钻井技术、泡沫固井技术、有机和无机盐复合防膨技术。由于页岩气大部分以吸附态赋存于页岩中，而其储层渗透率低，故既要通过完井技术提高其渗透率，又要避免地层损害，关系到页岩气的采收率，因此在固井、完井方式、储层改造方面需要有特殊技术。由于泡沫水泥有良好的防窜效果，能解决低压易漏长封固段复杂井的固井问题，页岩气井通常采用泡沫水泥固井技术。页岩气井的完井方式主要有组合式桥塞完井、水力喷射射孔完井和机械式组合完井，其中组合式桥塞完井是页岩气水平井最常用的完井方法。

截至目前，国外已完成各类水平井近 4 万口，最大水平位移为 10668m，双分支水平井总水平井段长度达到 4550m，多分支水平井总水平井段长度达到 8318.9m，可实现在 1m 以内的薄油层中进行轨迹控制而不脱靶。国外在水平井钻井中广泛使用地质导向钻井和旋转导向钻井，实现了信息化、智能化及自动化钻井，从而大大提高了钻井成功率和综合经济效益。

7.2.2　国内钻完井技术

我国水平井技术最早开始于 60 年代中期，先后在四川油田完成了磨 3 和巴 24 两口水平井，但限于当时的技术水平，未能取得应有的经济效益。在"八五"和"九五"期间，我国开始水平井、侧钻水平井技术的研究与攻关，在不同类型油藏中开展了先导试验和推广，并形成了多项研究成果和配套技术，引进相当数量的水平井专用工具和仪器，使水平井钻井技术有了较大的发展。工具、仪器的初步配套，基本能够进行各类水平井、侧钻水平井的钻完井施工。20 世纪 90 年代起，我国钻井工业资金投入力度较大，在钻机、螺杆马达、随钻测量系统、随钻测井系统、旋转磁中靶技术和地质导向系统等方面取得了重大突破。目前，国内水平井最大垂深可达约 5600m，水平段长度可达约 2000m。

2005 年以来，中石油西南油气田先后引入随钻测井系统（LWD）、旋转地质导向钻井技术（RSS）、地层评价随钻测量系统（FEMWD）等先进装备。2007 年应用欠平衡钻井技术完成"广安 002-H1 井"钻井作业，水平井段超过 2000m。2008 年 11 月 26 日，由中石油实施的我国首口页岩气取心浅井在四川省宜宾市顺利完钻。2009 年，又与壳牌公司在重庆富顺-永康区块启动勘探开发项目。

2011 年 4 月 25 日，延长油田选定"柳评 177 井"长 7 段 3 层 8m 射孔并做了小规模压裂测试，加活性水 217m^3。成功突破了页岩气的出气关，成为中国乃至世界第一口陆相页岩气出气井，日产气 2000m^3，此后又完成了几口评价井。

截至目前，国内在页岩气水平井方面，鉴于地质复杂，技术上存在"瓶颈"，工程实践较少，故取得成果较少，亟待攻关和突破。

第8章 页岩气压裂技术

可用于压裂作业的增产措施包括氮气泡沫压裂、凝胶压裂、分段压裂、多层压裂、清水压裂、同步压裂、水力喷射压裂和重复压裂等。

水力压裂是页岩气开发中最早使用也是目前最常使用的压裂技术。水力压裂可以使储层产生密集的裂缝网络，进而提高储层渗透率，使地层中的天然气更容易流入井筒。进行压裂前，应先对井（竖直井或水平井）进行测试，以确保井经得住压裂的压力等。目前，对页岩井的大型水力压裂可使人造裂缝的理论长度达到 76.3～458m，可使天然气初始日产量达到 2.55 万～33.96 万 m^3。

8.1 国外页岩气压裂技术研究

1985 年美国首先开始将水力压裂技术用于页岩储层增产作业，到目前大致经历了以下 4 个阶段。

1985～1990 年：开采井为直井，对页岩气储层埋深较深（1500～3000m）的井以小型凝胶压裂为主。页岩气储层埋深较浅（小于 1500m）或油气藏压力较低时，主要采用氮气泡沫压裂增产作业。

1991～1996 年：开采井为直井，对页岩气储层埋深较深（1500～3000m）的井以大型凝胶压裂（凝胶压裂液 2000～3000m^3、支撑剂 60 万～70 万 kg）为主。页岩气储层埋深较浅（小于 1500m）或油气藏压力较低时，主要采用氮气泡沫压裂增产作业。

1997～2003 年：开采井以直井为主，主要以滑溜水压裂技术作为页岩气储层压裂改造措施。

2003 年～至今：随着水平井钻进技术的成熟，水平井成为页岩气开采的主体井型，水平井多簇射孔分段大规模减阻水压裂成为页岩气储层压裂改造的主要技术方法。目前，在美国页岩气生产井中，有 85％的井采用水平井和分段压裂技术结合的方式开采。

从上述美国页岩气开发技术历程可见，经过近四十多年的发展，国外页岩气压裂技术已从初期的常规水力压裂技术发展到目前的水平井多簇射孔分段大规模减阻水压裂、同步压裂和复合压裂等系列技术，同时发展了压裂模拟技术、微地震监测技术、大功率泵车、高效减阻剂、低密度支撑剂及连续混配技术。

8.1.1 无水压裂技术

美国页岩气的大规模开发，引发了公众对水力压裂技术在水资源利用及环境保护方面越来越多的不满和质疑，这一问题已经成为制约页岩气等非常规油气资源开发的瓶颈。为此，加拿大 Gasfrac 能源服务公司推出一项无水压裂技术——液化石油气（LPG）压裂技术，以解决人们的担忧。该技术在 2011 年世界页岩气大会上获得首次设立的年度"世界页岩气奖"之后，2012 年又获得美国《勘探与生产》（E&P）杂志评选的增产技术创新奖。

LPG 无水压裂技术主要是应用丙烷混合物替代水作为压裂液进行压裂作业。它是将丙烷压缩到凝胶状态，与支撑剂一起压入岩石裂缝。这项技术具有有效裂缝长、支撑剂悬浮能力强、油藏类型适应范围广、无污染、零二氧化碳排放，可实现闭环循环，能够 100％ 回收利用等诸多优势。

在延长有效裂缝长度方面，常规水力压裂在实际生产中只有 20％～50％ 的裂缝长度对生产有贡献，而 LPG 压裂产生的裂缝全部为有效长度，因此可以获得更高的产量，可将最终采收率提高 20％～30％。在提高支撑剂悬浮能力方面，LPG 以较高的黏度使支撑剂完全悬浮，避免了普通压裂液由于黏度较低造成的支撑剂沉积现象，使产层打开更加完全，从而达到更好的压裂效果。在环保方面，与水力压裂液相比，LPG 压裂液具有低表面张力、低黏度和密度，能与储层中的烃类物质相溶合、可再利用等多项优良属性，从而获得更多的有效裂缝、更大的初始产量、更优的环保效果和更长的油气生产寿命（表 8.1）。在节约用水方面，LPG 压裂无需耗水，平均每口井可节省压裂用水 $(1.14\sim4.54)\times10^4 m^3$。

LPG 无水压裂液和常规水力压裂液的属性比较　　　　　　　表 8.1

方式	LPG 无水压裂液	常规水力压裂液
相对密度	0.51	1.02
表面张力（$10^{-5}N/cm$）	7.6	72
黏度（$mPa \cdot s$，40.5）	0.08	0.66
对底层影响	与底层黏土和矿化物不发生反应，对底层无害	与底层泥岩和矿化物发生反应，对底层具有潜在危害

自 2006 年开始，Gasfrac 公司应用 LPG 进行压裂作业总计达 1200 多次，其中在加拿大有 700 多口井，在美国已相继在德克萨斯、宾夕法尼亚、科罗拉多、俄克拉荷马和新墨西哥等州开始试验井的应用。在纽约泰奥加县，由 200 多户居民组成的土地拥有者小组同意在其 546km² 的土地上实施 LPG 无水压裂技术。到目前为止，LPG 技术的最大作业记录为水平段长度 1188.72m 的水平井 10 级压裂，支撑剂用量 453.59t，最大作业压力为 90MPa，最大泵速为 7.95m³/min，支撑剂的密度为 $0.96\times10^3 kg/m^3$。在作业的 45 个不同的油藏、气藏及凝析气藏中，最大垂深达 4008.12m，地层温度分布在 15～135℃ 范围内。LPG 无水压裂技术已经得到美国加拿大等超过 50 家公司的应用。

作为一项发展中的新技术，LPG 无水压裂技术的推广应用正在逐渐由部分单井向大盆地或区块发展，并有可能成为众多石油公司的优选方案，将在有特定需求的油气区块发挥重要作用。正如虽然油基压裂液成本高出水基压裂液 20 倍，但一直持续应用至今，该技术对特殊地层的应用效果是不可替代的。

8.1.2　纳米材料压裂技术

纳米材料压裂技术是指用纳米压裂球替代常规压裂球进行多级压裂作业的技术，它有助于在恶劣条件下经济有效地开发石油资源，降低压裂成本。目前，很多石油公司和技术服务公司实施了纳米技术研发计划。

在多级水力压裂的个别案例中，当投球速度由 44.7m/s 突变为 0 时，尼龙等材料制成的压裂球会发生变形，卡在滑套中，造成产量下降。当水平井段长度达到 1828.8m 以上或压裂达到 20 级以上时，压裂球的取出或清除变得困难，如果不能快速清理，会降低井的生产能力。In-Tallic 纳米压裂球解决了这些问题。这种压裂球由镁、铝、镍等合金材料制成，相对密度小、强度高，可以在井中随流体运移，打开滑套时能够承受多重因素的影响，当压裂作业完成后还可以自动溶解消失。这种球虽然制造成本稍高，但与不良作业造成的油气井产量损失相比，其费用要低得多。

贝克休斯公司已应用第一代纳米技术开发了 In-Tallic 18mon 压裂球，目前每周可以生产 1500 个，已商业化用于 FracPoint™ 水平井多级压裂系统中。

纳米技术除了用于压裂作业外，未来还可以用于配制新型钻井液，提高钻具冷却效果，用于生产碳纳米管，取代制造水下电缆的铜导线，具有更高的电能传递效果，还可以用于强化采油的化学剂等方面。

8.1.3　井下气体压缩技术

气井开采一般采用地面压缩技术，该技术要求压缩机必须靠近气井，但是对于海上的气井来说，这是很难达到的，而且对于深海气井，压缩机性能要求较高，即使功率、压缩能力等能达到海上气井的要求，压缩机的安置运行、设备维护等方面的投资也比较大。于是，人们开发了一项新的提高气井生产能力的人工举升技术——井下气体压缩技术（Down hole Gas Compressor）。井下气体压缩技术的工作流程与一般的人工举升泵基本相同，其不同之处是完井的时候就在井下放置了气体压缩机。这种办法尤其适用于海上和深海环境的气井。该技术是由 Coarc Group 提出，Geary、Tullio 等人研制了适合高温高压环境的井下气体压缩机。科廷大学的 Md Mofazzal Hossain 等人提出了井下气体压缩技术的理论背景，并研究了影响该技术开发效果的主要影响因素。

研究发现，压缩比是影响井下压缩机运行的关键参数。气井生产能力提高值受压缩机压缩比和运行功率的影响。安装井下压缩机的气井，生产规律受气藏供应能力、气藏压力、油管直径、井深、井口压力、压缩比等参数的影响显著。井下压缩机的放置位置影响整个气井的开发特征，放置到较低深度或者靠近中间射孔位置有利于获得较高的生产速度。井下压缩机最优的放置位置需要同时考虑生产能力、操作需要、射孔限制条件及压缩比等参数的影响。

井下气体压缩技术可以提高气体产能 30%，解决大量的多相流问题，可用于提高湿气藏、干气藏的开发效果和采收率，并可通过最小化流动压力梯度，实现气藏生产系统的优化。

8.1.4　天然气水合物（可燃冰）开采技术

天然气水合物（可燃冰）是一种目前尚未商业化开采的新能源，资源量十分丰富，据估算全球资源总量约为 $2.1 \times 10^{16} \mathrm{m}^3$，相当于全球已探明传统化石能源总量的 2 倍左右，主要分布在美国阿拉斯加北坡、加拿大北极、墨西哥湾北部、日本南海海槽和中国南海等区域。目前已有 30 多个国家和地区开展了天然气水合物的开发研究。2012 年美国、日本等国合作在阿拉斯加北坡进行了水合物开采试验，2013 年 3 月日本在其近海海域的水合物开采试验采用降压法和二氧化碳置换法取得成功。降压法是利用储层与井筒之间的压力梯度驱动可动流体从储层流向井筒，压力降迅速传遍整个储层，使天然气水合物在局部区域内失去稳定条件，导致天然气水合物分解为天然气和水。二氧化碳置换法是通过向天然气水合物沉积层中注入二氧化碳置换出天然气，在释放天然气的同时，以水合物的形式埋藏二氧化碳。在日本爱知县和三重县近海海域的开采经过 3 个阶段的生产试验成功采出 $1.2 \times 10^5 \, m^3$ 天然气。试验取得成功，这意味着在天然气水合物的开采中迈出了重要的一步。

天然气水合物开发前景广阔，许多国家正在积极投入相关研究。2013 年 11 月，美国能源部宣布投资 500 万美元资助 13 个单位开展 7 个针对天然气水合物的研究项目。加拿大、日本、韩国、中国、印度、德国、新西兰等国家也都制订了天然气水合物研究计划，组织开展了资源调查、钻探、试验开采及环境影响评价等一系列研究。美国于 2015 年已实现商业化开采，日本在 2018 年实现商业化开采。美国国家石油委员会预测，美国将在2050 年前实现墨西哥湾等海上天然气水合物的大规模开采。与常规油气资源相比，天然气水合物的开发依然面临着技术、成本和环境等多方面的难题与挑战。

8.1.5 建立海底工厂技术

海洋油气资源，特别是深水油气资源是未来能源的主要来源之一，现已成为世界各国争相开发的重点领域，建立海底工厂系统是开发的重要和有效途径。

海底工厂主要由四部分组成：海底增压系统、海底气体压缩系统、海底分离与产出水回注系统、未净化海水输送系统。其中最前沿和最核心的技术是油气井采出流体的海底增压和分离技术，其成功实施能够提高油气最终采收率，减少海面处理设备的投入，减少对环境的破坏，在海底进行水和砂的处理，从而提高海洋油气田的经济效益。

挪威北海 Asgard 油气田首次商业化部署了海底天然气压缩系统，包括气体冷却器、气液分离器、增压机和水下管汇等，可将油气田采出流体经相同管线输送至 50km 外的海洋平台，可大幅提高气藏最终采收率，新增产量约 2.8×10^8 bbl 油当量。挪威国家石油公司的远程控制带压开孔封堵技术是在不停输送情况下，通过遥控装置在管道上进行 T 型焊接，然后远程控制打孔机在输送管道上打孔，对管线压力和流量不产生任何影响。该技术获得了 2013 年 OTC 聚焦新技术奖。挪威国家石油公司的海底工厂于 2015 年第一季度竣工并投入使用。

安哥拉 Pazflor 油田部署了多品级合采海底分离系统，采用世界首创的大型海底设施来分离天然气和凝析油（油和水），从 4 个独立的储藏中生产出两种不同黏度的油产品。该系统采用管式分离器，这是整个油井产出物多相分离技术的创新性突破，可以使一些采用常规海底生产系统无法开采的油藏变得经济可采。

巴西坎坡斯盆地 Marlim 油田部署了世界上第一个用于分离深水海底重质油与水的系统，打破了浮式生产装置的瓶颈，可以在水深近 900m 处分离重质油、气体、砂屑和水，产出水经净化处理后被重新注入油藏。

海底工厂可节约更多能源，提高了效率，是深水和恶劣环境下油气田开发技术的一个重大突破，将成为北极等恶劣环境、深水卫星油田开发的有效手段。

8.1.6 宽频地震勘探技术

宽频地震勘探技术是实现高精度地震勘探的重要方法之一，能够获得薄层和小型沉积圈闭的高分辨率图像，并实现深部目标体的清晰显示，提供更多的地层结构及细节信息，提高地震资料的解释水平，同时提供更加稳定的反演结果，有利于更快、更准确地自动拾取层位，甚至可以用来指导岩性和流体的直接检测。西方地球物理公司、CGG 等多家公司相继推出宽频地震采集与处理技术，并已经在全球很多地区进行了应用。

要获得宽频谱的地震信息，可在震源激发时尽可能产生较宽的频谱，用以在接收和数据处理过程中尽量保持宽频信息。在陆上地震数据采集中，对于可控震源进行适当设计，定制扫描，激发低频信号，利用检波器能够记录低于 2Hz 的低频信息。在海上数据采集中，可通过对拖缆的不同布设方式，如变缆深采集、上缆与下缆采集方法获得宽频信息。变缆深拖缆采集技术的拖缆深度是一个变量，由浅到深，随着偏移距的增大而增加，通常缆深变化范围在 5～50m，以优化地震信号的带宽。变缆深采集的地震数据频谱范围为 2.5～150Hz，比常规数据频谱宽很多。ION、TGS 等公司开发了宽频数据处理技术，通过数据处理拓宽常规拖缆数据的频谱。

宽频地震技术从设备、采集设计、处理、反演各个方面进行研究，在各种情况下，低频端和高频端频谱的拓宽均显著提高了地震资料品质，尤其改进了对盐下、玄武岩下深部地质环境的穿透力和照明，为地震资料解释提供依据，提高了地震资料的解释水平。

目前，国外先进的宽频地震技术采用单点激发、单点接收、室内组合处理的方式，形成了"采集—处理—解释"一体化的宽频地震勘探技术方案，应用范围涉及海上、陆上、海底。尽管在陆上宽频信息激发与接收、海上变缆深宽频地震数据的处理方面仍面临重大挑战，但宽频地震技术能有效提高深部复杂目标的成像质量，改善反演结果，指示地下含油气属性，国外公司仍在不断对其完善，未来应用前景广阔。

8.1.7 百万道地震采集技术

为更好地勘探更深、更复杂、更致密的岩石系统中的储层，油气公司一直期盼地震数据质量有更大的跨越。地震勘探逐渐向着更高密度、更多道数发展，尤其陆上地震勘探、开发百万道陆上地震采集系统，实现多道数地震数据采集是未来地震采集的主要发展方向和重大目标。

Sercel 公司在 2013 年 SEG 年会上发布了 508XT 地震采集系统，该系统具有实时百万道数据记录的能力，能够实现超高分辨率地震成像。508 系统以 X-Tech 新一代交叉技术架构为基础，使用了智能网络技术，实时存取数据，无停工期。特有的局部数据存储、自动重选路由及质量控制等性能。该系统使用新一代 MEMS 技术的高性能数字传感器，记录数据的噪声水平将降低了 3 倍，系统重量大幅减少，能耗相对较低，对检波器的兼容性也更强，可兼容单分量或多分量模拟与数字检波器，可进行电缆和无缆联合采集。

壳牌公司正在开发的新一代百万道地震采集系统有两种：光纤地震采集系统和无缆采集系统。采用 PGS 公司光纤传感技术，开发用于陆上的光纤地震采集系统。接收系统的电缆利用自动化车载工具通过线圈滚动进行布设，适用于较平坦的地形。该系统不需要电源及电子装置，可以埋藏地下用于永久油藏监测，稳定性好。另外采用惠普公司的

MEMS 传感器和网络技术，开发新一代百万道接收系统，能够接收低于 2Hz 的超低频信息，是一套无缆、超灵敏、百万信道的传感器系统，布设灵活，带道能力更强，将促进高密度、宽频地震采集技术进一步发展。这两套系统都具有系统重量轻、带道能力高、能够接受不同频率信号的优势，较大提高了作业效率，降低了勘探成本。

无论是常规还是非常规资源，老油田还是复杂的勘探新领域，面对深层复杂地质目标构成、非常规资源识别、陆上永久油藏监测等是地震数据采集面临的重大挑战。开发新一代百万道地震采集系统，可降低勘探成本，提高作业效率，解决深层地震资料反射能量弱、信噪比低、偏移成像难等一系列问题。尽管百万道采集系统尚未实现商业化应用，但其记录能力是目前行业内所独有的，将成为推动陆上地震革命性进展的利器。同时，也在实现宽频、高密度、宽方位采集中发挥关键作用，能够优化油田开发方案，提高最终采收率。

8.1.8 全波形反演技术

全波形反演方法利用叠加地震波场的运动学和动力学信息重建地下速度结构，具有揭示复杂地质背景下构造与岩性细节信息的潜力。随着油气勘探复杂程度的增加，全波形反演技术将成为改善成像效果、完善速度模型的主要手段。为区域深部构造成像及演化分析、浅表层环境调查、宏观速度场建模与成像、岩性参数反演提供有力支撑。但由于其计算量大、算法不稳定等因素，给实际应用带来了许多困难，一直未能广泛投入商业化应用。

近年来，随着计算机计算能力的不断提高，全波形反演技术应用也不断发展，多家公司都在进行全波形反演的研究与试验，特别是声波全波形反演在实践中得以应用。已经有许多实例证明全波形反演利用地震波场的全部信息，能够获得质量好的高分辨率速度模型，改进了成像质量，可用于精细地质解释。

CGG 公司在墨西哥湾采集了大偏移距、全方位、宽频数据，利用全波形反演建立精确速度模型，进行更详细的地质解释，描述了不同的地质构造。分别对大偏移距、全方位、宽频海上拖缆数据、海底电缆数据采集、常规拖缆采集及 BroadSeis 宽频数据进行了全波形反演，验证了全波形反演技术的优势。

目前全波形反演技术的研究主要集中在如何利用大偏移距数据全波形反演改善深部构造成像，如何利用低频数据进行全波形反演，如何进行弹性波和声波信号的全波形反演，如何去掉全波形反演中的多次波和绕射波以及对于全波形反演的一阶近似如何快速收敛等方面。随着计算机计算能力的不断提高，该技术应用将不断拓展。

8.1.9 光纤地震采集技术

对于大型油气藏，应用四维地震进行永久性测量是直接提供油气藏流体及油气藏体积连通性图像的重要途径。光纤地震系统不仅具有成本和性能优势，而且解决了电子系统运行不稳定等问题，更适用于大型排列的永久性海底油气藏监测。与拖缆、海底电缆、海底节点等技术相比，用光纤系统进行永久油气藏监测具有更好的耦合效果，降低噪声，减少声波在水中的单程运行路径。只需动用一次地震船，受天气、水流影响小，灵活性更高，有效降低重复勘探成本等。

光纤地震传感系统的重要特征主要包括：在传感点无电子部件或无电力需求，通过遥感技术控制方向，长距离、多路解码技术令地震数据可以进行模拟传输，传感器性能极好、可靠性高。常规地震测量系统的电缆比较重，标准电缆的重量在水中时为 3.0kg/m，而光缆的重量在水中时仅为 0.3kg/m。光纤检波器及光缆重量减小，使得测量系统的安装方式更灵活，安装费用更低。光纤传感和传输的固有优势促进了它在地震勘探领域的应用。光纤地震系统永久油气藏监测是通过小型船只将光缆滚筒布放到海床上，然后用水下机器人（ROV）将光缆铺设到挖好的电缆沟内，或用挖掘式 ROV 将光缆定位埋设到海床下。目前，主要有 CGG、PGS、TGS 这 3 家公司拥有利用光纤系统进行海底油气藏监测服务的能力，CGG 公司 OptoWave 系统最大应用水深为 500m，PGS 公司 OptoSeis 系统和 TGS 公司 Stingray 系统最大应用水深为 3000m，适用于深水永久油气藏监测。另外，壳牌与 PGS 合作也成功开发了陆上光纤采集系统，现已完成野外试验。

光纤传感系统的采用象征着从数字传输到光学模拟传输的发展，光学高频载波能提供从传感点到导向仪器的极好模拟传输，也容易转换成供数据存储和处理的数据格式。光纤测量系统适用于恶劣作业环境，具有高可靠性和耐用性。采用光纤系统进行永久油气藏监测具有非常大的发展潜力，有发展前景。

8.1.10　海底节点地震勘探技术

目前海底地震数据采集主要有海底电缆（OBC）采集、海底节点（OBN）采集两种方式，其中海底电缆数据采集作业受到海底地形限制，海底节点地震系统则具有较高的灵活性，系统布设、回收更加方便，并能够获得全方位保真数据，提高地震成像质量，提高四维勘探的可重复性，改善油藏监测结果，受到石油公司的高度重视。海底节点地震观测方法就是将地震仪通过水下机器人（ROV）直接布放在海底，地震仪自备电池供电，震源船单独承担震源激发任务。当震源船完成所有震源点激发后，ROV 回收海底地震仪，下载数据并进行处理与解释。目前市场上主要有 CGG 公司 Trilobit 系统、Fire field Nodal 公司 Z700 系统和 Z3000 系统、OYO 公司 GBX 系统等，最大应用水深可达 3000m。

海底节点地震数据采集已经进行了大量应用，尤其在油气藏监测领域应用效果显著。道达尔公司在安哥拉海上 Dalia 油田、雪佛龙公司在英国西设得兰群岛都进行了海底节点勘探。壳牌在墨西哥湾布设了 1000 套节点系统进行水驱油气藏监测。从最后一个节点回收完毕，到第一次数据处理结果完成，共历时 2 个月，有效指导了水驱开发方案。壳牌在短周期内进行油气藏监测，有 3 个关键因素：一是获得高品质海底节点数据；二是利用海底节点技术进行数据采集具有较高灵活性，可根据需求选择节点数量；三是利用单船进行震源排列和节点布设，大大减少了采集脚印。这种方法大大缩短了作业周期，降低了勘探开发成本。

目前，多家公司都在研发新型海底节点采集装备。Seabed Geosoultion 公司正在开发的 SpiceRack 海底节点项目，主要研究海底节点自动化地震数据采集装备及技术方法，以提高采集精度、降低采集成本、减少作业时间为目标。预计这一研究成果对海底地震勘探技术的进步和发展会有重要影响。壳牌公司正在研发的 Flying Node 新一代海底节点地震装备，采用 GoScience 公司专有的环形水下自动运载装备，将检波器布设到设计好的位置，采集完数据后回到船上进行数据回收，克服了节点装备采用水下机器人进行节点布设的速度慢等难题。Fair Field Nodal 公司正在研发的 Z100 系统，是一款用于浅水地震数据采集的节点系统，应用水深为 0~100m，系统体积小、重量轻，能够连续记录 30 天，并在每天数据下载后自动进行全系统质量控制测试。因此，新一代海底节点技术将推动海底地震勘探取得重大突破。

8.1.11　岩性扫描测井技术

随着油气藏复杂性不断增加，准确了解地层组分和矿物含量，特别是非常规油气藏，定量测量矿物和有机碳含量对资源评价至关重要。岩性扫描仪器是一种新的地球化学能谱测井仪，结合了非弹性和俘获伽马能谱测量的优点，为详细描述复杂油藏提供了重要手段。与前一代能谱仪器相比，岩性扫描仪器测量地层元素的精度更高，还能独立定量确定总有机碳 TOC 含量，对非常规油气和常规油气的评价具有非常重要的作用。仪器结合了现代闪烁探测器、高输出脉冲中子发生器和非常快速的脉冲处理系统，极大地提高了能谱测井效率。仪器采用了大型铈掺杂溴化镧（$LaBr_3$：Ce）伽马射线探测器及先进的耐高温光电倍增管。$LaBr_3$：Ce 是一种非常快速的闪烁器，具有光输出量大（对于每个入射光子，能够比其他材料产生更多的光，比 NaI 高约 50%）、提高光谱分辨率、高温性能好（200℃时光输出和分辨率只有少量降低）、光衰减时间比 NaI 和锗酸铋 BGO 要快一个数量级（表 8.2），计数率非常高，能够提高测量精度和测速。$LaBr_3$：Ce 在高温下仍具有较高性能，仪器耐温 175℃，无需采取热保护措施，可延长作业时间。

$LaBr_3$：Ce、BGO 与 NaI 对比　　　　　　　　　　　　　表 8.2

类型	$LaBr_3$：Ce	BGO	NaI
有效原子序数	46.9	75.2	50.8
密度（$\times 10^3 kg/m^3$）	5.29	7.13	3.67
衰减时间（ns）	25	300	230
光产额（光子/keV）	61	8.2	43

仪器采用了新一代脉冲中子发生器（d-T PNG），每秒能产生 3 亿个中子，是放射性同位素源的 8 倍。产生如此高的中子数有利于仪器结合利用 $LaBr_3$：Ce 闪烁器，提供非常高的计数率。为了优化非弹性和俘获伽马测量时序，使俘获测量不受非弹性伽马的影响，要求中子脉冲形状是可重复且边界清晰。PNG 利用热阴极微型中子管，产生脉冲的宽度为 $8\mu s$，上升和下降时间不到 400ns。这种脉冲的时序稳定且可预测，便于在非常靠近脉冲时开始采集俘获能谱，使计数率最大化。仪器采用的专用电子元件具有优良的光谱性能和出色的堆积抑制能力，限制因靠近同步伽马射线造成的能谱失真，脉冲高度分析系统可以完成这些工作。$LaBr_3$：Ce 闪烁器探测到的伽马射线被耦合到光电倍增管进行预放大，然后送入积分器，对数字化的积分信号进行处理，得到脉冲高度，最后生成脉冲高度图谱。

现场测试表明，新仪器的测量结果及应用潜力都比较理想，是其他仪器或组合法实现的：镁和硫元素的测量精度使得仪器能够在标准电缆测井速度下求解碳酸盐岩的矿物成分，钠和钾等元素测量精度的提高及锰元素的定量测量，可以更全面和准确地解释矿物成分。提供连续的 TOC 测井曲线，避免了常规模型引入的偏差和等待实验室岩心分析结果的时间延误。在操作性方面，测速更高、更安全，可以用电缆、钻杆或牵引器传送仪器，在小井眼中使用，可以与多数电缆裸眼井仪器组合使用。

8.1.12　三维流体采样和压力测试技术

对于低渗、未压实、含高黏度流体的地层或流体饱和压力接近储层压力的地层，地层压力测试与流体采样面临着许多技术困难。斯伦贝谢公司推出的三维流体采样和压力测试器 Saturn 解决了这个难题。该仪器不仅能够在极低渗透率地层完成压力测试和流体采样，还大幅降低了压力测试和流体采样时间，降低了作业风险和成本。

三维流体采样和测试器采用 4 个椭圆形探头，探头分布在仪器四周，间隔 90°，这种排列有助于从井眼四周抽取流体。每个探头的表面流动面积都是 $1.28m^2$，4 个探头总的流动面积 $5.12m^2$，是传统标准探头的 500 倍。

三维流体采样和压力测试技术的特点有：

（1）采用 4 个椭圆形探头抽取地层流体，实现井周地层流体的三维流动，利于快速清除钻井液滤液和抽取未被伤害地层流体，更好地表征地层非均质性。

（2）探头的表面流动面积更大，有助于诱发并保持低渗、未固结和油气藏中流体的流动。当流度接近 $10mD/(mPa \cdot s)$ 时，普通的超大直径探头无法完成压力测试，而新探头在流度低到 $0.01mD/(mPa \cdot s)$ 时仍能完成有效的压力测试，在流度低至 $0.03mD/(mPa \cdot s)$ 时仍能够采集流体样品。

（3）探头吸附在井壁上，实现自密封，无需封隔器，直接抽取地层流体。

（4）机械弹簧系统具有较大的累计闭合力，可以保证探头回收，大幅降低了作业风险。

Saturn 三维探头已经在未固结砂岩地层、低流动碳酸盐岩含油气层等地层中进行了流体采样和压力测试，取得了很好的效果。

8.1.13　示踪剂智能化技术

在恶劣的作业环境与复杂井眼条件下，用常规测井方法获取油气藏监测信息的风险大、成本高，有时甚至无法获取油气藏信息。挪威 RESMAN 公司研发的 RESMAN 无线油气井产液剖面监测技术，可以在这些环境下有效获取产液信息，无任何风险。该项技术获得 2013 年世界石油最佳生产技术提名奖。

RESMAN 技术利用合成化合物（智能示踪剂）识别各层段产出流体的类型，量化各层段产出的油气和水量，从而获得产液剖面。RESMAN 技术优势：成本低、风险低、无需井下作业（只需对完井设备做很小的改动），示踪剂寿命长（数年），对于特定的完井设备可获得产量剖面。RESMAN 公司目前已生产出多个独特的 RESMAN 油敏与水敏体系。水敏示踪剂和油敏示踪剂一起使用，可以确定水突破的位置和时间。

示踪剂通常被封装在智能示踪剂棒中，完井时将含有不同示踪剂的智能示踪剂棒置于不同井段的完井设备中（比如防砂网或特别设计的载体）。当示踪剂棒与储层流体接触时，示踪剂释放到流体中，在地面对产出流体进行采样，进行实验分析即可获得油气（水）相关信息，确定油气（水）产出位置及对产量的贡献。

8.1.14　钻井远程专家支持中心

随着钻井提速、提效及安全作业要求的不断增加，综合钻井、地质、测井、录井、油气藏工程等多学科基于现代信息技术和通信技术的远程专家支持中心逐渐获得推广应用。

钻井远程专家支持中心，即钻井远程作业中心，集成了一体化共享地学平台、实时地质建模、油井三维可视化、实时水力模拟、随钻测量、井眼轨迹控制、地质导向等地质方法和工程技术，借助虚拟容错计算机主机服务器、IP 通信技术、视频监测和分析技术及图形化桌面共享等先进的信息技术，实现远程实时井场支持。将采集并传输的井下和地面实时数据与庞大的数据库信息、实时更新的地质模型相结合，辅助定向钻井工程师、地质导向工程师和随钻工程师进行定向指挥和地质导向决策。一组工程师可同时指挥多口井的随钻定向和地质导向作业。除常规地质导向外，一些井场还能将随钻地震数据传送到远程实时作业中心，通过实时地层评价开展随钻地震导向，实现随钻前探。

钻井远程专家支持中心将 IT 技术和通信技术结合，软硬件工具、自动化系统相互融合，实现地质、钻井等多学科统一规划、统一部署、各专业专家集中"会诊"。通过实施不间断的远程监控优化钻井决策，更加连贯协调的作业流程，减少非生产时间，降低作业风险和综合成本。

目前，国际上大的油气公司和服务公司都建立了覆盖全球的远程专家支持中心，以充分发挥多学科专家团队的作用，进行远程实时分析和钻井决策支持。哈里伯顿在全球共有50 个左右的远程专家支持中心，大约有 1000 名员工为其工作，每年实时服务收入约 4000万美元。斯伦贝谢在全球共建有近 20 个远程专家支持中心，每天 24h 监控着分布于全球的约 1000 个井场的钻井作业。壳牌最早于 2002 年在美国新奥尔良建立第一个实时作业中心（RTOC），在深水和页岩气领域取得很好的应用效果，2011 起将原有的实时作业中心升级为远程操作中心（DART），在全球布置了 6 家。

远程专家支持中心是钻井信息化的产物，在现代复杂环境钻井作业中正发挥着越来越重要的作用，应用范围越来越广。

8.1.15 高造斜率旋转导向钻井系统

在美国非常规油气开发中，常规导向钻井因成本相对较低而得到了广泛应用。近年来，为了提高导向精度和效率，旋转导向钻井的应用不断增加。为缩短靶前距，增加水平段长度，提高油气产量，斯伦贝谢和贝克休斯相继推出了高造斜率旋转导向钻井系统，最大造斜能力达（15°~18°)/30m，实现"直井段＋造斜段＋水平段"一趟钻，提速、提效显著。迄今为止，在美国页岩气水平井钻井中，二开直井段、造斜段和水平段各段"一趟钻"已司空见惯，"造斜段＋水平段"一趟钻越来越多，二开"直井段＋造斜段＋水平段"一趟钻完钻已成为现实。因其简化井身结构、缩短钻井周期和降低钻井成本等优势深受业内青睐。随着钻头、钻井液、旋转导向钻井等技术的不断发展，水平井二开"直井段＋造斜段＋水平段"一趟钻完钻将成为水平井钻井的一个重要发展方向。

8.1.16 钻井井下声波遥测网络技术

加拿大 XACT 井下遥测公司在壳牌和 BP 两大国际石油公司的支持下，成功开发了钻井井下声波遥测技术，并投入商业应用。该技术是使用压电或电磁材料产生纵波，使之沿钻柱高速传输至地面的一种信号传输技术。该技术可消除钻井液脉冲传输只能针对井下单一位置进行传输的局限，沿管柱多点测量压力、温度、扭矩、挠度、拉力、压力等数据，全程连续提供全井筒和管柱信息，可在任意环境下提供高速、实时数据传输，并实现地面与井下的双向通信，传输不受井深和水深的影响。

声波遥测网络工具由信号发生系统、传输系统和接收系统组成。信号发生系统采用压电或电磁换能器作为声波发生器，其他组成部分还包括驱动电路、信号产生电路和电源等。传输系统的关键是克服传输过程中信号的衰减（尤其是长距离传输）。声波遥测网络采用钻柱作为传输信道，需要每隔一段距离设置一个中继器进行信号的接收、放大和再发射。每个中继器的长度及操作与钻杆大致相同。中继器同时又是传感器，可多点测量压力、温度、扭矩、挠度、拉力、压力等管内外数据，由此构成了一个地下测量与传输网络，从而实现全井筒测量与传输，数据传输速率最大可达 33bit/s。地面接收系统是利用安装在顶驱上的一个小型的加速度计收集和解码井下传输的声波数据流，采用无线方式传输至控制计算机，还可以通过互联网传输至远程客户。

8.1.17 射频识别技术

射频识别（RFID）技术是一种非接触式的自动识别技术，通过无线电信号识别特定目标并读写存储相关数据，识别系统与特定目标之间没有机械或光学接触，无需人工干预。近 30 年间，RFID 在物流、制造业、零售业、交通运输、医疗保健等非军事领域快速发展，目前已在国外油气行业获得了日益广泛的应用，在人员安防、资产管理和工具制造等方面发挥了重要的作用。

RFID 系统由应答器和阅读器两部分组成。应答器是附着在目标上的物理电子标签，包括一个小型的射频发射器和接收器。阅读器通过天线与应答器进行无线通信，可以实现对标签识别码和内存数据的读出与写入操作。

目前，RFID 技术在钻井中应用最多的是进行资产管理与质量控制。已有多家石油公司、钻井承包商和设备供应商开始了利用 RFID 标签追踪钻井设备的尝试。如 Trailblazer 钻井公司将 RFID 标签嵌入钻杆和油管中，电子标签记载了该管件的 ID 号及其使用的相关历史数据，如使用时间、地点、管件磨损维修情况等，还包含每次作业的相关数据，如压力、温度、深度、钻井液等情况。每节钻杆或套管上都安装了 3 个相同的 RFID 标签，不管阅读器在哪个方位，都可以顺利读到这些数据。全球最大的陆上钻井承包商——加拿大 Nabors 公司正在采用 RFID 技术来帮助维护和管理钻机设备，帮助实现发电机、钻井泵、马达等设备的信息记录与远程追踪，帮助操作人员了解每个设备的位置、检修历史等信息的实时电子记录。

RFID 的另一个应用是替代投球，进行井下工具的开关控制。这是 RFID 技术在应用上的一个突破，为井下工具设计开辟了新思路。这项技术由威德福公司率先推出，首次应用是将射频识别技术应用于扩眼工具，推出了采用射频电子标签代替投球的 Ripe Tide 随钻扩眼工具。从钻柱内泵入射频电子标签，当标签通过扩眼工具时，向其发出激活打开命令，工具内植入的电子阅读器自动读取并接受命令，实现切削块的自动打开。所有的命令都储存在工具内的存储器中，并可以随时下载，无需投球即可实现扩眼工具切削块的多次打开和关闭，具有安全、可靠的优点。

RFID 还可以用于海上钻井平台的人员安防。在北海，康菲公司已经将这套系统用于十余座海上平台的安防及演练中。每个海上平台的作业人员都佩戴存有该员工信息的

RIFD 标签，这种标签可以在 500m 以内的地区被迅速识别。

8.1.18 深水双作业钻机

深水钻井需要采用深水浮式钻井装置，即深水半潜式钻井平台和深水钻井船。近几年，全球深水钻井活动加强，深水浮式钻井装置总体供不应求，日费高昂。为降低深水钻井成本，唯有大幅度提高钻井效率。而双作业钻机具有显著提高钻井效率的特点，因而在深水浮式钻井装置上得到了广泛应用。

目前双作业钻机有 3 种类型：一个半井架钻机、双井架钻机和多功能箱式钻塔（均配备钻机自动化设备，属自动化钻机）。

（1）一个半井架钻机

在单井架的基础上将井架内部向一边扩展半个井架的空间，即主井架内设有一个辅井架，两井架一高一低，辅助作业不占用钻机时间，因而又称为离线钻机。

（2）双井架钻机

是一种联体井架，一个井架用作主井架，另一井架用作辅井架，各有一套提升系统、顶部驱动装置、管子处理系统，能够在进行正常钻进的同时并行完成组装、拆卸钻柱、下放隔水管柱、下放与回收水下器具等脱机作业。按驱动方式，双井架钻机分为液压驱动和电驱动两种。

（3）多功能箱式钻塔

由荷兰 Huisman 设备公司为深水浮式钻井装置设计的结构独特的双作业钻机，井架为箱形梁结构，内装两台主动式升沉补偿型绞车。为确保安全，为绞车配备被动式升沉补偿系统。井架的提升力达 1090t。井架两侧各有一个旋转式钻杆排放架，钻杆立柱高度增至 41m。钻机额定钻深能力达 12192m。采用该井架可减小深水浮式钻井装置的尺寸，显著提高钻井作业效率。Huisman 设备公司还设计了配备多功能箱式钻塔的深水半潜式钻井平台。

双作业钻机已在深水浮式钻井装置上得到广泛应用。据统计，近几年新建成的几乎都是双作业钻机，在建的全部是双作业钻机。双作业钻机已成为深水钻井利器，成为深水浮式钻井装置的标配钻机。

8.1.19 无隔水管（Reelwell）钻井技术

挪威 Reelwell 公司在 2013 年 OTC 会议上推出了 Reelwell 无隔水管钻井方法，主要由公司研制的管中管、顶驱旋转接头、井下双浮阀、地面流量控制装置组成，主要特点有：

（1）钻井液在管中管内反循环，实现无隔水管钻井。这种管中管既充当钻柱，又充当隔水管。钻井液通过顶驱和顶驱旋转接头向下泵入管中管的环形空间，从钻头喷嘴喷出，带着岩屑向上流入底部钻具组合与井壁之间的环形空间。因防喷器上方装有旋转控制头，将管中管与井壁之间的环形空间封死，上返的钻井液连同岩屑只得通过双浮阀进入管中管的内管，上返至地面。

（2）管中管充当电力和数据传输通道。管中管的内管外壁经过绝缘处理，充当同轴电缆，既可以向井下供电，还能实现数据的高速、大容量双向传输，数据传输速率高达 $6.4 \times 10^4 \text{bit/s}$。

（3）实现全过程控压钻井。井筒环空充满清洁流体，与管中管内的钻井液具有不同密度，实现双梯度钻井，可通过地面流量控制装置实现控压钻井，更好地解决窄密度窗口问题，减少非生产时间，提高作业安全性。

Reelwell 无隔水管钻井方法的主要优点：

① 不用隔水管，可减少浮式钻井装置的承重，省去隔水管相关操作，即使应用未配备双作业钻机的第三代或第四代半潜式钻井平台，也能在 3000m 的超深水区高效钻井，明显降低了深水钻井成本。

② 钻井液在管内循环，大大减少了钻井液用量，并始终保持井筒清洁，有利于降低井下复杂情况，更好地保护储层。

③ 无需使用海底钻进液回收系统就可实现无隔水管钻井，大大简化了钻井作业，更适用于深水和超深水钻井。

④ 实施全过程控压钻井，提高作业安全性。

⑤ 通过管中管向井下供电，解决井下仪器和工具的用电问题。

⑥ 数据传输速率高，双向通信更畅通。

Reelwell 无隔水管钻井的缺点：

① 管中管比常规钻杆重，刚性比常规钻杆大（钻杆外径为 168.275mm，内管外径为 88.9mm、内径为 76.2mm），不利于定向钻井，也会影响钻机的钻深能力。

② 内管的绝缘层与密封件的可靠性和耐久性是个潜在问题。

③ 钻井液在管内反循环，需增加流动阻力。

8.1.20　大型浮式液化天然气储存装置（FLNG）

浮式液化天然气生产储存装置（FLNG）是一种用于海上天然气田开发的浮式生产装置，通过系泊系统定位于海上，具有开采、处理、液化、储存和装卸天然气的功能，并通过与液化天然气（LNG）船搭配使用，实现海上天然气田的开采和天然气运输，克服了海上天然气通过天然气管道输送到陆上的液化厂进行液化或是至管道终端将天然气储存、再与陆上管道相接外输的传统资源开发方式的局限性。经过近几十年的发展，解决了液化、储存、卸载、安全等一系列技术难题，目前 FLNG 已从概念设计进入实际建造阶段。在液化技术方面，FLNG 装置要求工艺流程紧凑。在设计液化工艺时，需考虑海上运动环境（如海上风浪等）对分离过程等的影响，一般必须增加材料设计强度，减少设备占用空间。目前的 LNG 液化工艺中，单循环混合制冷剂工艺（SMR）和双循环混合制冷剂工艺（DMR）均具有较好的浮式条件适用性。在储存技术方面，由于 FLNG 装置在船上，机械设备要求高度集成化，设备模块化，以增加灵活性和可靠性。FLNG 可应用于岸上和运输船所用的液化天然气储罐形式。为了节约甲板空间，壳牌 FLNG 项目将储罐设计在处理装置的下方，这些储罐可储存 $2.2 \times 10^5 m^3$ LNG、$9 \times 10^4 m^3$ LPG、$1.26 \times 10^5 m^3$ 冷凝液，同时创新性地抽取深海低温海水冷却天然气，节约冷却装置空间，每小时可抽取 $5 \times 10^4 m^3$ 海水。

海上卸载系统是 FLNG 非常关键的部分，但是 FLNG 技术链的薄弱环节。目前，不同公司提出了不同种类卸载概念，主要分装载臂式和软管式两类。其中适用于深海的软管式卸载方式被证实可用于 FLNG。另外，壳牌与 FMC 共同开发海上装载吊臂 OLAF 和铰链式纵列海上装载设备 ATOL，以满足海上苛刻条件。

FLNG 既要遵守岸上液化天然气安全技术原则，还要时刻关注装置所处的海洋环境。壳牌 FLNG 在荷兰以 1:55 的比例进行模型测试，确认极端天气条件下系泊及转塔的承载，评估并排卸载方案，确认其支撑系泊系统、立管及控制管缆。旋转的接头允许流体从海底系统输送到顶部，可以抵抗极端天气条件，同时有效降低晃动对货仓造成的影响，以使 FLNG 设施抵御最猛烈的五级飓风袭击。与其他海洋工程装备类似，FLNG 的设计工作一般分为基本设计、工程设计和详细设计 3 类，其中，基本设计难度最大，也最具创新力。法国 Technip 公司在 FLNG 设计上独占鳌头，新型 FLNG 设计不断涌现。FLNG 建造方面，韩国企业优势明显，韩国三星重工、现代重工、大宇造船海洋和 STX 造船海洋等几家船厂占据了主导地位。利用 FLNG 进行海上气田开发，可结束海上气田只能采用管道运输上岸的单一模式，节约运输成本，且不占用陆上空间。FLNG 可二次使用，经济性较好。与相同规模的岸上液化天然气工厂相比，FLNG 投资减少 20%，建设工期缩短 25%。目前，全球已有两个海上天然气田项目确定采用 FLNG 方式进行开采，至少有 12 个 FLNG 项目处在筹划或招标阶段，还有数十个海上天然气项目计划采用 FLNG 进行开采，FLNG 一系列创新成果对推动海上天然气资源的开发具有重要作用。

8.2 国内页岩气压裂技术

2009 年，中国第一口页岩气直井实施了压裂并获气。通过几年的探索和实践，在四川省内江市长宁、威远国家级页岩气示范区相继完成一批直井、水平井体积压裂改造并获得工业产能，初步形成了自主页岩气储层改造技术，在此基础上通过开展丛式水平井平台"拉链式"压裂现场试验进一步探索页岩气的高效开发模式。已投产 90 口井，日产量达 634.3 万 m^3，累计生产页岩气 17.7137 亿 m^3（数据统计截止日期：2016 年 6 月 22 日）。

2016 年 6 月 2 日，牛新 1 井压裂获得成功。6 月 14 日，随着牛新 1 井深层压裂改造的成功，青海油田成功掌握了深井、超深井、异常高压致密井的储层改造技术。牛新 1 井是青海油田在牛东气田牛中基岩层系部署的一口重点预探井，该井完钻井深 5430m。在压裂工艺上采取酸液预处理、多段塞打磨工艺、低摩阻滑溜水体系，降低地面施工压力，有助于提高施工排量，增大缝内净压力，激活天然裂缝。采油液氮泡沫复合压裂工艺，以达到气井压裂后快速返排的目的。

针对我国第一个页岩气丛式水平井井组长宁 A 平台压裂改造工艺要求和四川盆地山地地形特点，对该平台"工厂化"作业模式进行了优化设计，在国内首次采用"拉链式"压裂作业模式对该平台开展了"工厂化"压裂。通过地面标准化流程、拉链式施工、流水线作业和井下交错布缝、微地震实时监测，实现了每天平均压裂 3.16 段，最大限度增加储层改造体积，充分体现了"工厂化"压裂对页岩气丛式水平井平台大规模体积压裂改造的提速、提效作用。同时还针对该井组"拉链式"压裂的施工工艺、作业模式、地面配套以及压后初步评价进行了综合研究分析。"拉链式"压裂实践表明：2 口井的"拉链式"压裂相对于该地区前期水平井单井压裂作业而言，效率提高 78%、增产改造体积增加了 50%。

长宁 A 平台丛式水平井组"拉链式"压裂的成功,标志着我国页岩气初步实现了直井—水平井—丛式水平井"工厂化"压裂改造的跨越,页岩气改造趋势已从单一水平井分段改造趋于井组化的井工厂压裂改造。可以预见,丛式水平井组结合"工厂化"压裂将逐渐成为页岩气规模效益开发的主流技术。

8.3　水平井井组概况

A 平台是四川盆地长宁—威远国家级页岩气示范区第一个"工厂化"试验平台,是长宁区块继直井探井、水平井评价后部署的第一个水平井平台,目的层位为至留系龙马溪组。该平台同井场布井 6 口,成两排分布。计划首先完钻上倾方向的 1 井、2 井、3 井,并对此 3 口井实施压裂作业和测试投产。

8.4　"拉链式"压裂现场实践

8.4.1　压裂工艺

针对页岩气储层超低孔渗的特点,以增大裂缝与储层接触面积、产生复杂网状裂缝为目的,形成以"大液量,大排量,低砂比,段塞式滑溜水注入"为特征的体积压裂技术,并配套形成满足体积压裂改造的大液量储液、大排量连续供液、压裂液连续混配、连续供砂、电缆泵送桥塞与分簇射孔联作、分段压裂、微地震监测、连续油管钻磨、压裂返排液回收利用等全套工艺技术系列。

8.4.2　"拉链式"压裂作业模式

长宁 A 平台 2 口水平井采取"拉链式"压裂的作业模式,即同一井场 1 口井压裂,1 口井进行电缆桥塞射孔联作,两项作业交替进行并无缝衔接,同时在另一口实施微地震监测,之后单独对监测井进行压裂。具体作业流程如下:

(1) 一套压裂设备先对 1、2 井实施拉链作业;

(2) 电缆作业设备在 1、2 井之间倒换,进行下桥塞和坐封作业;

(3) 压裂 3 井的同时,1、2 井开始钻磨桥塞,完毕后钻磨 3 井桥塞;

(4) 钻磨完 1 口井的桥塞即开始放喷排液,最终实现 3 口井放喷排液。

8.4.3　"拉链式"压裂地面配套

"拉链式"压裂作业期间的主要地面设备有压裂、混砂、连续混配、电缆作业、连续油管和地面排液设备等,还有供水、液罐、砂罐、酸罐等辅助设备。此外,设计研制了现场连续加油设备,保障现场设备连续作业,通过特殊多通道压裂井口满足尝试集大排量压裂施工需求,国内首创的"工厂化"压裂指挥中心以统一指挥整个"拉链式"压裂作业。

考虑到"拉链式"压裂涉及众多作业内容和大量交叉作业,现场按照功能区布置地面设备，设备的摆放同时兼顾操作方便性以及安全性。地面供水采用水源储水池—水源储水池—过渡液罐三级供液模式，相邻平台 3 个储水池进行集中统一调配，保障"拉链式"压裂供水要求。

压裂设备分为加砂压裂车组和泵送桥塞车组，其中加砂压裂车组水马力为 38000hp（1hp＝735.499W），采用流线型布局，减少长时间高压泵注中的管路磨损。两套车组通过不同的流程分开连接，两套流程都能够实现两口井间的快速切换和压力隔离，提高交叉压裂作业效率，减少交叉作业中的高压风险。

8.4.4 "拉链式"压裂实施效果

通过对 A 平台 1 井、2 井 24h 不间断作业，安全优质高效地完成国内首次页岩气丛式水平井组"拉链式"压裂，其间没有发生任何损失工时事件，充分体现了"施工作业的规模化、工艺施工的流程化、组织运行的一体化、生产管理的精细化、现场施工的标准化"的"工厂化"压裂作业特点。

24 段"拉链式"压裂平均每天压裂 3.16 段，最多一天压裂 4 段，平均单段液量 1800m³，砂量 80t。段与段之间的准备时间在 2～3h，完成设备保养、燃料添加等工作。施工效率比传统压裂方式提高了 78%，极大地提高了作业时效。1 井、2 井压裂后的返排液经过现场回收处理，在 3 井的压裂液中进行了重复利用，利用率达到 86.7%，返排液重复利用时的降阻率为 68.2%～71.5%，满足体积压裂工艺要求，实现了高效、环保的压裂作业。

8.5 "拉链式"压裂改造效果分析

A 平台"拉链式"压裂中，1 井和 2 井每段压裂施工的瞬时停泵压力差异明显，通过压力监测和微地震监测技术实时监测了 3 口井的压力和裂缝延展情况，后续段压裂时在施工压力和微地震监测上均未发现串通已压开裂缝的迹象。从微地震监测结果看到，人工水力裂缝主要受到地应力控制，因此微地震监测结果显示出与井筒较好的正交性，横切裂缝有助于实现最大化的增产改造体积，而水平井间交错布缝增加了裂缝的铺置效率。2 口井"拉链式"压裂总的改造体积达到 $3 \times 10^8 m^3$，远远超过直井单段压裂的改造体积，较常规水平井分段压裂的改造体积增加了 50% 以上。另一方面，"拉链式"压裂过程中所产生的微地震事件点数也大大多于同平台邻井单井压裂时产生的微地震事件点。由此可以得出，丛式水平井平台的"拉链式"压裂对于增加页岩气水平井的增产改造体积具有较大的促进作用，井间和段间的应力干扰有助于裂缝转向，形成更加复杂的缝网，从而优化体积裂缝的铺置，提高丛式水平井平台的体积压裂改造效果。

第9章　页岩气开采的压裂设计与微地震监测

从传统压裂的交联冻胶、黏性液体到今天广泛使用的滑溜水体系，压裂技术发展走过了数十年的时间，支撑剂的尺寸也越来越小，从 40/70 目到 70/140 目，甚至更小。然而对于压裂工程来说，水力压裂技术仍处于发展初期，还有很长的路要走。目前依然有大批致密油气藏的采收率仅为 5%～10%，需要我们加深对油藏的了解，利用数据模型来进行分析，确定储层的油气含量、有效渗透率、有效裂缝面积以及近井带的裂缝导流能力，从而制定最为适宜的压裂技术实施方案。毋庸置疑，获得井下信息并且加以利用是优化决策的关键。

9.1　压裂设计

页岩储层的原始渗透率极低，必须用压裂技术等增产措施才可以提高产能。一般通过压开地层裂缝并且用支撑剂填充引流通道，使储层中形成有效的高渗流通道，以便改造后地层流体的流动能力比其原始流动能力高出许多倍。此过程极大地提高了页岩气产量，从而使得页岩气的开发更加具有经济性。这些都是与水力压裂分不开。

压裂过程中，被成功打开的地层裂缝越多，就有越多的页岩气流入储层，届时页岩气最终将流入井筒。与传统的直井不同，水平井配合压裂改造过程提供了更大的裂缝与储层岩石接触表面积。同时，全局化的考量可以更精确到反映并且模拟出裂缝的形状、走向、导流能力以及裂缝之间的交叉程度。

9.1.1　压裂理论基础假设

1907 年俄国学者 M. M. Продотъяконов 创立了松散体地压学说，简称普氏学说。假设压裂区岩体发生破坏时，破坏形式表现为上方以拱形方式塌落并填充空区底部，而侧翼围岩以梯形形式塌落。结合侧向及压力计算图，得到压裂区塌落稳定后的状态，如图 9.1 所示。

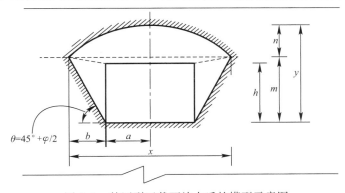

图 9.1　某压裂区截面放大后的模型示意图

9.1.2　压裂区三维数值模拟计算

结合图 9.1 中的破坏规律，基于普氏地压学说计算公式，提出相应的压裂区域破坏物理力学计算方法如下：

$$\begin{cases} n = \dfrac{a+b}{f} = \dfrac{a+m\tan(90°-\theta)}{f} = \dfrac{a+m\tan(45°-\varphi/2)}{f} \\ y = m+n \end{cases} \tag{9.1}$$

式中：n 为实际压裂区高度，量纲为 m；a 为压裂设计宽度的一半，量纲 m；b 为压裂区域宽度，量纲为 m。f 为围岩的坚固性系数，$f=\sigma_c/10$。m 为假定压裂区高度，量纲为 m。θ 为侧面与水平面夹角，量纲为°。φ 为岩体的内摩擦角，量纲为°。y 为压裂区稳定后的理论高度，量纲为 m。x 为压裂区稳定后的水平跨度，量纲为 m。σ_c 为岩体的单轴抗压强度，量纲为 MPa。

由方程组（9.1）变形可得：

$$y = m + \dfrac{a+m\tan(45°-\varphi/2)}{f} \Rightarrow m = \dfrac{yf-a}{f+\tan(45°-\varphi/2)} \tag{9.2}$$

其中 y 由仪器探测结果求得，而 f，a，φ 均为常数，于是可求得 m 值，再由关系式 $n=y-m$ 可求得 n 值。$b=m\tan(45°-\varphi/2)$ 的数值又可由计算式 $\dfrac{b}{m}=\cot\theta=\tan(90°-\theta)=\tan(45°-\varphi/2)$ 求得。最后由表达式 $x=2(a+b)$ 求得压裂区实际宽度值 x。

在上述运算中需要明确压裂区的基本力学及尺寸参数，即 a，f 与 φ 值。其中 a 可在表 9.1 中查到，为压裂设计宽度的一半。$f=\sigma_c/10=45.24/10=4.524$ 已知，而 φ 需通过岩石力学试验获得，岩体力学实验数据见表 9.1。

压裂设计数据表 表 9.1

设计编号	原压裂设计值			宽度方向
	压裂区宽（m）	压裂区长（m）	压裂区高（m）	a（m）
35901-1	620.4	1624.7	2.4	9.6
35901-2	671.5	1436.1	2.0	11.7
35901-3	382.3	1475.2	3.3	10.4
35901-7	479.7	1531.9	3.5	8.6
35901-9	528.4	1545.4	3.2	12.5
35902-2	618.5	1574.6	2.3	9.6
35902-4	632.7	1584.2	1.0	11.5
35902-6	692.4	1566.4	2.8	9.6
35903-1	473.5	1392.5	3.0	7.3
35903-2	581.3	1360.3	3.7	9.4
35903-3	624.7	1268.5	2.9	8.1
35903-4	713.4	1390.5	2.5	9.6
35903-5	526.1	1357.4	1.4	7.3
35903-6	613.8	1393.6	1.5	6.5
35904-1	325.7	1375.9	2.7	7.1
35905-1	472.9	1439.5	2.0	9.4
35905-2	591.4	1459.2	1.4	8.1

将 f 与 φ 值代入公式（9.2）便可得到：

$$m = \frac{yf-a}{f+\tan(45°-\varphi/2)} = \frac{4.524y-a}{4.524+0.383864} = 0.922y-0.204a \tag{9.3}$$

$$n = y-m = y-0.922y+0.204a = 0.078y+0.204a \tag{9.4}$$

$$x = 2(a+b) = 2(a+m\tan21°) = 2a+2m\tan21° = 0.708y+1.843a \tag{9.5}$$

再将每个采空区的 a 值和 y 值代入式（9.3）～式（9.5）中，其中 y 值由仪器探测。然后求出各压裂区的最终稳定宽度及长度值。因此，只要明确了压裂区压裂初期的设计宽度，最终稳定后的压裂区高度，以及压裂区域的岩体力学属性，便可根据力学公式求得压裂宽度。

<table>
<tr><td colspan="7" align="center">某压裂区岩体力学参数表</td><td align="right">表 9.2</td></tr>
<tr><td>页岩</td><td>抗拉强度 P_1</td><td>抗压强度 P_2</td><td>弹性模量 E</td><td>泊松比 μ</td><td>黏聚力 c_m</td><td>内摩擦角 φ_m</td></tr>
<tr><td>量纲</td><td>MPa</td><td>MPa</td><td>GPa</td><td>—</td><td>MPa</td><td>°</td></tr>
<tr><td>岩体</td><td>7.14</td><td>53.1</td><td>61.4</td><td>0.13</td><td>25.31</td><td>37.2</td></tr>
</table>

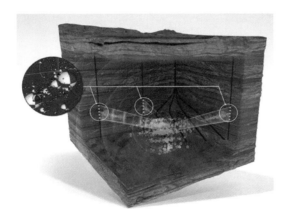

图 9.2　三维裂缝建模图

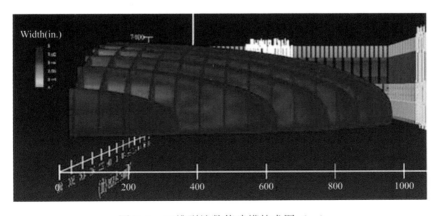

图 9.3　三维裂缝数值建模技术图（一）

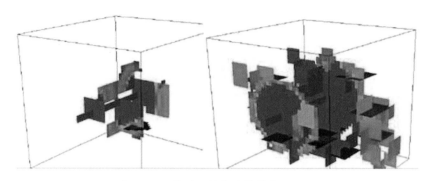

图 9.3　三维裂缝数值建模技术图（二）

9.1.3　结果分析

基于压裂技术的局限性，所面临的难度是导流能力非常差，支撑剂分布以及裂缝与储层的接触程度有限，以及产量的不确定性。但是可以模拟裂缝的形状，导流能力和交叉程度，设计有效的压裂施工来改善支撑剂分布，提高实际被压裂改造过的储层体积，还可进一步进行产能预测、减少污染以及改进油气田开发方案。

鉴于此，可提出如下的解决办法：

（1）校准油藏和地质力学数据，更准确地评估裂缝的形态导流能力。在不同压裂施工操作中做精细比较，最终实现优化页岩气开发经济性。

（2）模拟不同注入点上的压裂液体积，支撑剂用量以便预测裂缝的扩张程度和导流能力。

（3）计算有效泵速，支撑剂密度和地面水马力要求。

（4）比较不同的压裂施工，预测净现值，确定下一轮在各井压裂改造施工中的投资，这将更有利于开发方案的优化以及开发经济性的提高。

（5）做主动式的压后多学科交叉式的评估。

（6）从环保角度来讲，避免微生物对井筒的影响，提高采出程度，保持地层稳定，保持足够的缝高，减小压裂水马力。

（7）监测造缝效果，改进压裂设计。

9.2　微地震裂缝监测

9.2.1　目的意义

将微地震裂缝监测手段应用到页岩气压裂技术中，我们可以了解现有射孔方案和压裂设计是如何影响裂缝扩展的。微地震能够提供对于有效裂缝系统形态、缝高，最佳驱替效果下缝长的观察视角是极为宝贵的，因为这样我们就可以不断地调整裂缝形态，支撑剂密度，压裂液体积和未来压裂设计中的泵压要求。微地震裂缝监测还可有效地帮助抑制人工裂缝进入非目标地层区域。可以通过监测压裂的实际效果，再将其与压裂设计的预期相比较，这样就能知道不同裂缝的有效作用程度，同时也能更加明确地知道每一个裂缝到底改造了多大的地层体积，这很重要。这样做之后，我们还会从另一个方面得到重要的信息，即知道了现有的射孔方案和压裂设计到底是怎么影响裂缝扩展的。这些都是我们下一步继续做裂缝长、压裂分段间隔、支撑剂、压裂液、泵优化的基础数据和信息，我们就是通过这些参数不断的操作和修正来完成水平井与储层接触表面积最大化的，也正因为这样，才形成了最优泄油效果。

图 9.4　三维微地震裂缝监测与数值模拟示意图一

图 9.5　三维微地震裂缝监测与数值模拟示意图二

图 9.6　三维微地震裂缝监测与数值模拟示意图三

9.2.2　技术研判

面临的问题：

（1）计算被改造过的储层实际体积。

（2）实时地掌握裂缝被打开的情况。

（3）掌握裂缝间相互交叉的情况以及确定裂缝中的每一段对整体产量的贡献比例。

价值：

（1）确定有效的压裂分段间隔、缝高、缝长，主要为实现最优化的生产效果。

（2）调整裂缝的形态、支撑剂密度、压裂液体积和地面泵压要求。

（3）在压裂改造的过程中评价并控制裂缝的体积。

（4）找到那些需要被重复压裂的位置。

解决办法：

（1）在压裂施工中要掌握人工裂缝体积的相关信息并做实时评价。

（2）避免将裂缝压开至非储层的地层中。

（3）使用精度更高的导向钻井工具和近钻头增斜工具。

（4）计算被改造过的储层体积，不断地改进和优化未来各井的压裂设计方案。

（5）对现有射孔方案和压裂设计于裂缝扩展的影响要有非常明确的认识。

（6）将来再做压裂设计的目的就是进一步优化改造效果，而基于此，要计算好最有效的压裂分段间隔、缝高、缝长、压裂液密度和地面泵压要求。

（7）对已有的水平井，要预先模拟裂缝的形态和裂缝的导流程度。

（8）改进裂缝模型，保证水平井连续生产。

产量优化

一旦进入生产就面临着产量递减，而有时这样的递减曲线可能会非常陡，对于非常规油气开发来讲，降速可能极快。而我们要采取一些必要的步骤来维持和优化生产，这样才能保证页岩气开发的经济性。

　　实践证明，更好的思路是尽早地预测到潜在的不利因素，而不是发生产量问题时花更大的代价去补救。有经验的工程师团队会在早起就布局：正确地使用好油藏数据和区块内临井的数据，工程师们做压后评估找到可能存在影响产量的问题，例如生产规模设置、有机物沉积、细菌和腐蚀对井筒的冲击等。

　　早期布局的方式还有一种，就是向储层中有序地投放长期抑制剂。在有可能发生生产问题之前，就已经开始处理储层和井筒内流动的问题。使用自动化技术则可以有效地保障这些长期抑制剂在生产中后期开始明显地起效，在不同的生产阶段都能服务于页岩气产量的提升。

　　需要注意的问题：

（1）控制井筒内的回流。

（2）保持并优化产量。

（3）明确人工举升的技术要求。

（4）保护油气井和相关设施不受腐蚀、不结垢，控制细菌和石蜡的负面影响。

　　实现的价值：

（1）人工举升保证了产量，同时延长了井的使用寿命。

（2）减少了关井时间（保证生产）。

（3）迅速发现早期的产量递减情况。

（4）找到需要进行重复压裂的地层位置。

　　解决办法：

（1）控制井内回流。

（2）对电潜泵系统和人工举升系统做实时监控。

（3）一旦出现明显的产量问题，也有很多补救措施可以采用。

（4）针对井筒的补救措施和清洁措施都有相对成熟的备选方案。

第 10 章　页岩气储层中不同黏度压裂液的作用方式

10.1　引言

深层页岩气储层具有储层地应力高、水平应力差高、层理和天然裂缝发育岩石塑性强等特点。深层页岩储层应力差大，岩体变形空间小，更易形成单一的水力裂缝，缝宽较小，应力干扰相对强，难以加砂，使得储层改造体积小；高储层地应力会导致闭合压力大，使得水力裂缝的导流能力下降，岩石的塑性增强会使裂缝的扩展更加困难。天然裂缝、层理和断层等非连续结构面对水力压裂的储层改造体积（SRV）有着显著的影响，地应力大小以及应力差是裂缝扩展的主控因素之一。高地应力差下，在水力压裂的过程中有效的沟通这些非连续结构面成为深层页岩气储层改造成功与否的关键。

大量研究表明水力裂缝遇到天然裂缝后会出现如下四种模式的扩展：穿透天然裂缝扩展、沿天然裂缝面上的弱点扩展、沿天然裂缝缝尖扩展和停止扩展。很多室内试验验证了上述四种水力裂缝与天然裂缝和层理缝的相互作用规律。页岩气储层压裂过程中，沟通不连续面会形成复杂的体积缝网，然而同时也会牵制主缝的扩展。Fisher 和 Daniels 所提供的大量微地震数据有力地证明了非均质性强的页岩气储层会形成复杂的裂缝体系。水力裂缝的导流能力依赖于支撑剂，而在复杂裂缝体系中，支撑剂难以进入次级裂缝。影响支撑剂进入次级裂缝的主要因素有次级裂缝与主缝的交角、压裂液黏度、压裂液排量以及次级裂缝缝高等因素，因此深层页岩气压裂过程中在形成复杂的裂缝网络的同时也要保证缝宽。有的学者利用水力压裂全耦合模型研究了流体性质对水力裂缝的影响，滑溜水能够有效地提高缝高和缝长，而胶液能够产生较宽的主裂缝。通过长宁地区现场实践可以总结出黏度较高的胶液难以进入开度小的天然裂缝和层理，主要沿着主缝方向扩展，而滑溜水可以沟通这些开度小的结构面形成复杂缝网。

上述理论及实验研究少有利用露头岩样进行大型物模实验且都是针对胶液或者稠化压裂液单一展开，为此开展滑溜水和胶液交替注入井内的室内真三轴模拟压裂实验，研究深层页岩气储层条件下，胶液和滑溜水的作用规律，对深层页岩气储层压裂施工起到一定指导作用。

10.2　试验准备与方案设计

10.2.1　所需仪器

试验用的真三轴压力机包括真三轴试验台、三轴液压电源、油水分离器、MTS 增压控制器、数据采集与处理系统，如图 10.1 所示。300mm³ 模型块放置在测试框架内，周围是 5 个加压扁千斤顶，用于施加围压。扁千斤顶的尺寸与样品表面相同，以保证压力均匀，三向围压可调，最大压力为 30MPa。同时，用钢板覆盖试样顶部，模拟地应力。注入功率由 MTS 816 伺服助推器支撑，最大注入压力为 140MPa。最大注入量为 800mL。

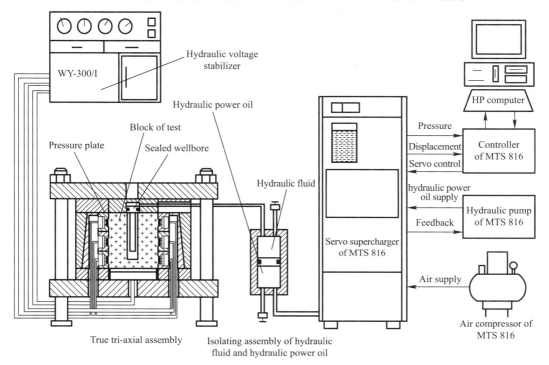

图 10.1　真三轴压裂实验系统

10.2.2　制备试样

试样为龙马溪组黑色页岩露头标本，如图 10.2（a）所示，为了控制试件之间的差异性并得到更可靠的对比结果，所用岩样均取自同一露头位置。沿着垂直于层理面的 4 个面和平行于层理的 2 个面，把试件切割为 400mm×400mm×400mm 的立方体，如图 10.2（b）所示；观察岩块表面裂缝纹理，并用色笔标识，方便实验对比，见图 10.2（c）；利用电钻在垂直于层理面的 4 个面中选择其中 1 个面钻出直径为 30mm，长度为 180mm 的沉孔模拟平行于层理的水平井眼，模拟井筒长度为 140mm，直径为 15mm，裸眼段长度为 50mm，如图 10.2（d）所示。通过文献调研得知深度为 3640~3903 的龙马溪组页岩地层相关参数见表 10.1。

龙马溪组深层页岩物性参数　　　　　　　　　　　　　　　　　　表 10.1

参数	数值	单位
弹性模量	32.44	GPa
泊松比	0.23	—
孔隙度	3.12	%
地应力差异系数	14~15	%

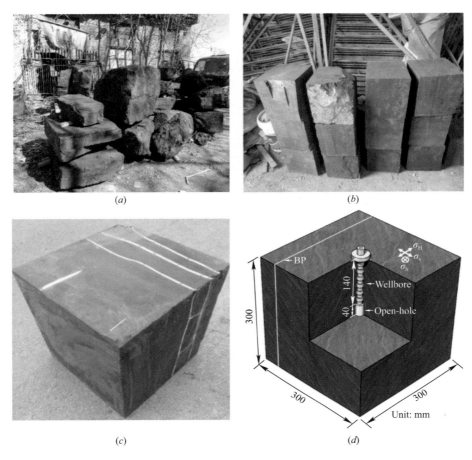

图 10.2　试件制备示意图

图 10.3　注液双活塞

　　为实现一次压裂实验过程中连续注入两种压裂液，设计并定制了双活塞泵注系统见图 10.3，每个液压活塞可以盛放 1000ml 压裂液，双活塞可以盛放两种压裂液，压裂过程中通过控制阀门实现更换压裂液并保持稳压状态下的连续注入。

10.2.3　试验方案

试验通过模拟深部龙马溪组页岩气储层水平井单级压裂研究高应力差下两种压裂液体系作用下的水力裂缝的扩展规律以及组合使用两种压裂液体系对提高裂缝复杂程度的影响。其中胍胶压裂液在实验室内用胍胶溶液替代，滑溜水压裂液在实验室内用胶液代替。通过实验考察不同压裂液体系以及组合使用两种压裂液体系的的作用方式。为模拟龙马溪组深层页岩的应力场，将上覆应力加为 25MPa，为体现龙马溪组深层页岩的高应力差，结合现场数据将水平应力差设置为 12MPa。具体试验参数见表 10.2。

实验参数设置　　　　　　　　　　　　表 10.2

试件编号	地应力 MPa $(\sigma_V>\sigma_H>\sigma_h)$	排量 ml/min	注入液体	滑溜水黏度	胶液黏度
1	25/20/8	30（滑溜水）	滑溜水	3	—
2	25/20/8	30（滑溜水）+30（胶液）	滑溜水+胶液	3	60

10.3　结果及分析

10.3.1　特征分析

气田对压裂井段近井地带的天然裂缝以及层理缝的评估局限于测井资料以及地震数据，对小范围内天然裂缝发育程度的评估能力有限；对压后天然裂缝及层理缝的沟通情况可以通过微地震进行一定的评估，但准确度较差。

室内试验由于试件尺寸小，天然裂缝和层理缝的形态及个数可以统计，因此在压裂前，对试件的天然裂缝和层理缝的发育程度以及形态进行充分的评估，并与压后水力裂缝延展形态进行对比分析，进而对不同施工条件的压裂效果进行评价。为了使实验结果更加可靠，准确地对比不同压裂方式所带来的压裂效果，经过对十几块岩样的筛选，选取了天然裂缝和层理缝形态基本相似的两块露头岩样进行室内真三轴压裂实验。为了方便观察试件图片中用蓝色代表层理缝，黄色代表天然裂缝。

由于试件尺寸较小，从试件的 6 个面上的裂缝纹理可以一定程度确定试件内部天然裂缝和层理的分布和形态。层理缝一般会呈现为一系列相互平行的面；天然裂缝大多与试件表面呈一定角度。为了便于观察，利用 Solidworks 重构岩石外表，并用蓝色线条代表层理缝，用黄色线条代表天然裂缝。岩样层理缝和天然裂缝形态及分布规律如图 10.4 所示。

图 10.4 中（a），（b）分别对应 1 号，2 号试件试验前的状态。由图 10.4（a）可知，1 号试件 3 条层理缝集中在井筒一侧，其中近井筒的层理缝穿透 2 个端面。1 号试件有 4 条天然裂缝，其中 1 条穿透 3 个端面，与试件底面呈 45°角，表面缝宽约为 0.5mm；由图 10.4（c）可知，2 号试件有 3 条层理缝，其中近井筒的层理缝穿透试件的 4 个端面，其余层理缝没有延伸到试件内部。2 号件上有 2 条相交的天然裂缝，其中 1 条穿透 3 个端面，与试件底面呈 45°角，表面缝宽约为 0.5mm，另一条沟通了 45°天然裂缝和底面。

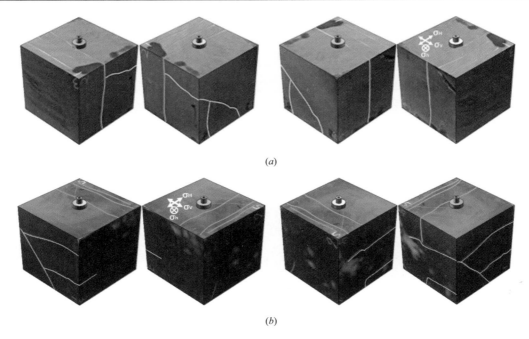

(a)

(b)

图 10.4 试件层理缝和天然裂缝形态及分布规律

(a) 1 号试件；(b) 2 号试件

由图 10.5 可知 2 块试件在井筒一侧都发育了 3 条平行的层理缝，在井筒另一侧的侧面上都发育 1 条开度为 0.5mm 且与井筒所在表面呈 45°的天然裂缝，相似的天然裂缝和层理缝分布状态有利于对比不同压裂液注入方式的压裂效果。水力压裂过程中，天然裂缝的存在会直接影响裂缝的走向、形态以及支撑剂的运移。天然裂缝的存在是形成复杂缝网的前提。

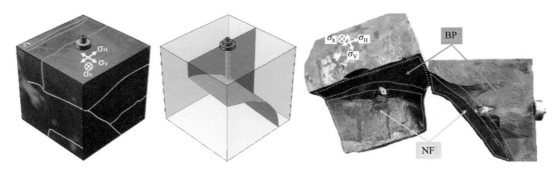

图 10.5 1 号试件压后裂缝形态

10.3.2 试验结果

当水力裂缝突破端面后，试件内部的井筒会与试件外部形成一个流动通道，导致井口压力无法保持，判定为试验结束。试验结束后沿着裂缝面打开岩石，通过指示剂的分布情况观察水力裂缝的几何形态及其与天然裂缝和层理缝的沟通情况。相比于胶液，滑溜水悬浮荧光粉的能力差，因此胶液滤失过的裂缝表面荧光粉量多，而由滑溜水打开的裂缝表面荧光粉量少。为了方便观察，用 Solidworks 重构压后裂缝形态，下文图片中统一用红色代表水力裂缝，蓝色代表层理缝，黄色代表天然裂缝。

10.3.3　1 号试件压后分析

1 号试件压前与压后形态对比见图 10.5。1 号试件仅用滑溜水进行压裂，通过裂缝形态与泵压曲线（见图 10.6）的对比，可以更加准确的阐述裂缝起裂及扩展过程。

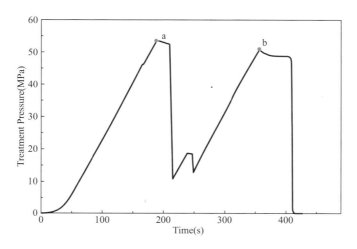

图 10.6　1 号试件泵压曲线

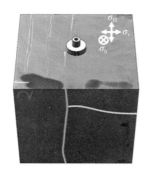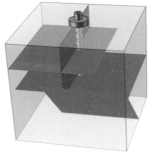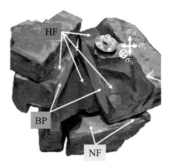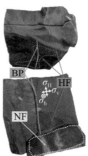

图 10.7　2 号试件压后裂缝形态

对比 1 号试件裂缝形态以及压裂曲线，可知当泵压达到 53MPa 时（图中 a 点），天然裂缝开启。由于页岩脆性较强，裂缝开启瞬间会扩展一定距离，页岩水力裂缝会呈阶段性扩展，而非连续性，因此页岩裂缝扩展在压裂曲线上表现为震荡，而非均质砂岩表现出的平稳扩展。因此裂缝开启后压力骤降，同时天然裂缝与层理缝相交并沟通。随后随着滑溜水的泵入，滑溜水填满裂缝中的空隙后再次憋压，在 b 点当压力达到 50MPa 时，层理缝被压开。由于天然裂缝和层理缝的胶结强度都很弱，裂缝在短时间内就扩展至边界，压力骤降，结束实验，压力归零。

由最终的裂缝形态可知，实验结束后 1 号试件没有压开垂直于最小地应力的横切缝。可见由于滑溜水强滤失和低黏的特性使得滑溜水在压裂过程中与岩石的相互作用受地应力的影响较小，而主要受岩石非均质性的影响。1号试件在首先沟通近穿过裸眼段的天然裂缝，天然裂缝扩展后，沟通了与天然裂缝垂直的层理缝，并延展到端面。压裂用时430s。

10.3.4 2号试件压后分析

2号试件压前与压后形态对比见图10.8，试验结束后，2号试件裸眼段压开两条横切缝，并沟通近井筒层理缝和天然裂缝。其余两条不发育的层理缝没有被沟通，整体裂缝形态呈"升"字形。由2号试件的压裂曲线可知，随着滑溜水注入量的增加，井筒内开始憋压，由于滑溜水黏度低，井筒内压力升高的同时滑溜水不断向层理缝中滤失，因此压力出现波动，在压力达到65MPa后（图中c点），压开层理缝。随后注入胶液，由于胶液黏度较大，在进入层理缝并扩展的过程中阻力较大，再次憋压后在d点达到69MPa，此时在裸眼段打开横切缝，横切缝迅速扩展之后沟通开度较大的天然裂缝，压力随之大幅下降。当胶液充满打开的缝隙之后，再次憋压，到68MPa（图中e点）后层理缝面距离井口50mm位置的弱点起裂，转向形成新的横切缝。由2号试件最终的裂缝形态可知2号试件形成了更加复杂的裂缝体系，2号的造缝机理是胶液在被滑溜水激活的层理缝内憋压使裂缝转向，形成更多垂直于井筒的横切缝。压裂用时1330s。

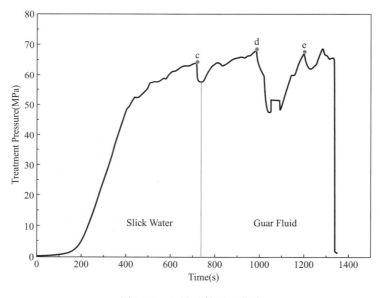

图10.8 2号试件泵压曲线

10.3.5 压裂液黏度对作用方式的影响

由2块试件的实验结果可知高黏度的胶液和低黏度的滑溜水在层理缝发育的页岩压裂过程中作用有显著区别。1号试件没有压开横切缝，只沟通了井筒附近的层理缝和天然裂缝，而2号压开两条横切缝，沟通一条层理缝，和一条天然裂缝。2号试件的横切缝上有大量的荧光粉，层理缝和天然裂缝面上只有微量荧光粉，1号试件的层理缝和天然裂缝缝面上也仅有微量荧光粉。从裂缝面上荧光粉量的多少验证了高黏度压裂液主要作用于垂直于最小地应力的横切缝，而低黏度压裂液主要作用于层理缝和天然裂缝。

10.3.6　注液方式对改造体积的影响

1 号试件仅用滑溜水压裂，通过裂缝形态可知滑溜水易于激活近井筒层理缝和天然裂缝。由压裂用时长短可知滑溜水在页岩中滤失速度快，难以在缝内憋压，缝宽窄。2 号试件先注入滑溜水，再注入胶液，注滑溜水的过程与 1 号试件的作用过程类似，先沟通了近井筒的层理缝和天然裂缝。后续注入的胶液受地应力的影响在层理缝内憋压形成了两条平行的横切缝，有效地提高了裂缝的复杂程度。压裂用时与 1 号试件相比可知胶液在页岩中滤失速度慢，易在裂缝内憋压，形成较大的缝宽。1 号试件压开了两条缝，而 2 号试件压开了 4 条缝，由此可见优化注液方式可以极大地改善页岩水平井压裂的改造体积和裂缝复杂程度。

10.4　讨论

压裂液黏度越低，在储层中的渗透能力越强，在页岩气储层中低黏度的滑溜水容易渗入层理面并激活层理面，受页岩非均质性影响大，受地应力影响小；而高黏度的胶液滤失性差，因此受页岩非均质性影响小，受地应力影响大。由上述的实验结果分析可以总结出高黏度压裂液和低黏度压裂液在页岩压裂过程中的作用如下：（1）由于高黏度压裂液进入层理缝的阻力大，在井口、层理缝或者天然裂缝内憋压后倾向于形成垂直于最小地应力的横切缝；（2）低黏度压裂液黏度小，在高压下，优先向已经存在的缝隙中滤失，随着滤失量的增加会打开层理缝。

低黏度压裂液在页岩中滤失速度快，如果仅用低黏度压裂液进行压裂，则裂缝内难以长时间憋高压，难以形成大缝宽的裂缝，使得后续挟砂液所携带的支撑剂难以进入裂缝或者进入裂缝的量太少；低黏度压裂液的特性使得仅用低黏度压裂液进行压裂时容易在近井筒地带形成体积缝网，复杂的体积缝网不利于支撑剂的泵入，会极大减弱近井筒地带的导流能力。如果交替注入低黏度压裂液和高黏度压裂液可以使两种压裂液优势互补，保证导流能力的同时，提高改造体积。

10.5　结论

用大尺寸真三轴水力压裂实验系统模拟高应力差下龙马溪组黑色页岩在滑溜水和胶液交替注入条件下压裂过程，实验结果表明，优化注液方式可以极大地提高水力压裂裂缝的改造体积和裂缝复杂程度。胶液和滑溜水在页岩压裂过程中的作用有显著区别，滑溜水易滤失倾向于激活已经存在的层理缝和天然裂缝；胶液受地层非均质性影响小，倾向于形成垂直于最小地应力的横切缝。低黏度压裂液在页岩中滤失速度快，难以长时间憋压以保证缝宽和支撑剂的进入，无法形成高导流裂缝，因此低黏度压裂液应和高黏度压裂液并用，在保证裂缝导流能力的同时增加改造体积。

第 11 章　页岩气井井壁裂缝的形成机制

11.1　引言

　　四川盆地及其周缘地区古生代为海相沉积，主要沉积环境为滨岸相和陆棚相，是中国海相页岩气勘探的先导区之一，其北部黔江页岩气区下志留龙马溪组已经发现较好的页岩气显示，但是目前的先导试验探井开发效果差，分析其控制机理对于该研究区的进一步开发具有重要的意义。地应力是控制压裂改造的关键。该区地层水平构造应力强、压力差大，对于页岩气水平井分段压裂改造具有强控制作用，使其不易产生网状裂缝，限制了此地页岩气的高效开发。研究区内井发育大量的井壁诱导裂缝可为地应力场研究提供重要信息，提高认识，有助于优化体积压裂的设计，指导压裂改造实施。某区页岩气井发育大量的井壁诱导裂缝，然而却没有过高的水平应力差和过高的泥浆密度，表明目前的理论关于页岩气井的井壁诱导裂缝的形成机理尚不完善。本章围绕成像测井井壁破坏，分析井壁诱导裂缝的分布特征，研究其可能的形成机制。

11.2　研究区概况

　　研究区从晚三叠世以来经历多期构造运动，大量褶皱和断裂从中侏罗世开始发育，到中白垩世基本定型，从晚白垩世开始有了进一步的发展。发育一系列北东向的雁列式断层，形成了现今的北北东向山脉及小型山盆相间的地貌景观。根据第四纪活动构造力学性质分析，渝东南构造走向比较一致，呈北东向展布，主要表现为压性逆冲力学性质，主压应力方向为北西-北西西。

　　该区属于东太平洋板块、西印度洋板块运动的"中间过渡地区"，处于强构造应力区，地震活动性强，是中国地震分布主要区域之一（图 11.1）。现今的地应力方向可以通过近期发生的地震的震源机制解获取。据记载，1856 年黔江小南海（距离 A 井区东北约 15km）发生 6.25 级地震，地震时的主压地应力方向呈东西方向，此次地震与黔江逆滑断层的活动性密切相关。因此，A 井研究区地应力具有逆/滑特征，结合南部的水力压裂确定的地应力方向，可以判断该区最大水平地应力方向为近东西向。

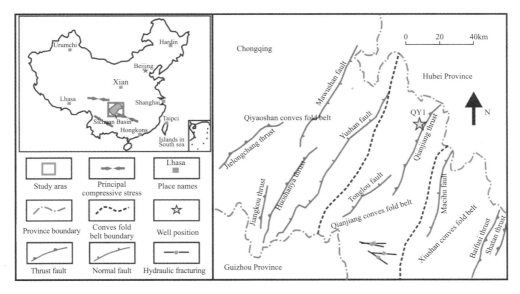

图 11.1　研究区地质构造概况图

11.3　井壁诱导裂缝分布数据

虽然双井径测井曲线显示井径有轻微的变化，然而成像测井图像上却没有发现明显的崩落，说明 A 井可能发生轻度崩落，这里不做分析。如图 11.2 所示，为 A 井井壁成像的

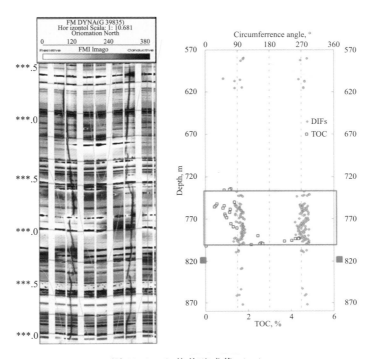

图 11.2　A 井井壁成像（一）

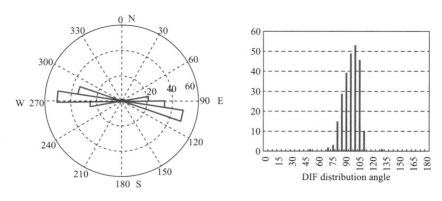

图 11.2　A 井井壁成像（二）

统计结果，可见 A 井发育大量的井壁诱导裂缝，且裂缝方向平行于井筒，对称分布。根据
Zoback 应力分析法，发育大量发育井壁诱导裂缝，说明研究区地应力为逆滑断层特征。
此外，统计结果显示，井旁最大主应力方向为 N95°E±9°，为近东西方向，与区域地应力
场的方向一致。

11.4　讨论

　　从图 11.2 中可以看出，井壁诱导裂缝主要分布于井段 730～810m 处为 A 井产层段。
其他的井段井壁诱导裂缝极少，井壁诱导裂缝的分布于 TOC 含量成很好地正相关关系，
井壁诱导裂缝的分布有很大的可能与 TOC 含量有关。在 730～810m 井段处，TOC 的含量
为 0.5%～4%。产层段作为富有机质页岩，TOC 具有高孔隙度和低密度的特征，低质量
分数的 TOC 也能够占有较高的体积分数。例如质量分数为 4% 的 TOC 能够占有高达 16%
的体积分数，这为油藏条件下拉伸裂缝的产生提供了自由位移空间，如图 11.5 所示。

　　此外，为了进一步分析井壁诱导裂缝的分布特征，图 11.3 中展示了井壁诱导裂缝分

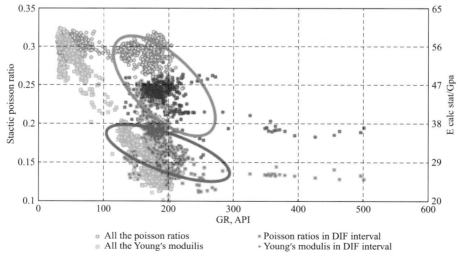

图 11.3　井壁诱导裂缝分布与伽马、弹性模量、泊松比的关系

布与伽马、弹性模量、泊松比的关系，弹性模量和泊松比都是通过测井曲线计算获得。图中可以看出，井壁诱导裂缝发育的位置具有特征是高泥质（GR＞120），低泊松比（＜0.26）和低弹性模量（＜45GPa）。可以看出，井壁诱导裂缝的分布与黏土含量有关。

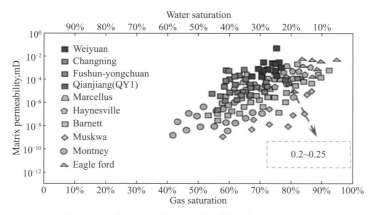

图 11.4　中国和北美的页岩初始含水饱和度统计

　　毛细管力和黏土渗透压都会导致拉伸应力的产生，当超过拉伸强度时，拉伸裂缝则会扩展。图 11.5（a）中，由于没有边界条件的限制，页岩基质可以自由膨胀，宏观的拉伸破坏是无序的，更倾向于形成网状的裂缝。当页岩处在定位移边界条件下，常规的岩石倾向于被压实，只有微观的剪切破坏产生。然而，在富有机质页岩中，有机质网络能够为拉伸破坏提供空间位移，如图 11.5（b）所示。此时的破坏也是无序的，然而裂缝的数量可能明显地少于图 11.5（a）。当岩石样品处在应力边界条件下，优势方向的裂缝将会扩展形成平行于最大主应力方向的裂缝，进而形成宏观的裂缝面，如图 11.5（c）所示。所以地层条件下的页岩处在三向地应力边界条件下，自发渗吸引起的拉伸破坏是非常有可能的，这个特征与常规储层存在明显的不同。

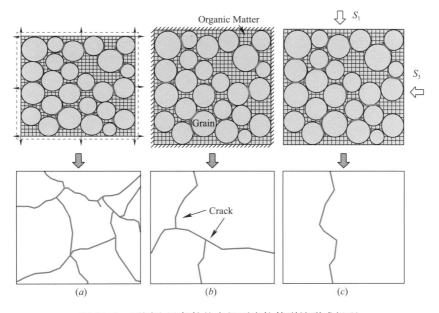

图 11.5　不同边界条件的有机页岩拉伸裂缝形成机理

11.5　结论

通过井壁成像测井发现井壁诱导拉伸裂缝更易于分布在富有机质页岩井段，井壁诱导裂缝发育的位置具有特征是高泥质（GR＞120），低泊松比（＜0.26）和低弹性模量（＜45GPa）。井壁诱导裂缝的分布于 TOC 含量成很好地正相关关系，井壁诱导裂缝的分布有很大的可能与 TOC 含量有关。TOC 具有高孔隙度和低密度的特征，这为油藏条件下拉伸裂缝的产生提供了自由位移空间。

第 12 章　页岩储层的三维天然裂缝随机数值模拟

12.1　引言

有关研究表明，软弱结构面和天然裂缝的存在对页岩压裂过程中裂缝扩展有明显的影响，因此对天然裂缝的三维建模和产状描述是研究的方向。由于目前有限的测量手段，很难从测井资料反演出每个具体裂缝的产状信息，因此本研究提出随机模拟的方法，结合实测部分资料，得到近似的储层三维裂缝网络。在储层的随机裂缝模拟方法中，传统的方法一般使用简化的一维或者二维单裂缝几何模型作为天然裂缝的近似，一维的如线条模型、折线模型等，二维的有矩形模型、椭圆模型等，此类方法有利于后续裂缝沟通的模拟计算，但是失去了很多天然裂缝的三维几何特征和统计学特征，同时忽略了裂缝的不规则边界的沟通对裂缝渗流的影响，因此实际的应用范围有限。本研究提出了一种简单有效的天然缝网随机模拟方法，该方法从简单的裂缝几何模型出发，建立可变边界的多边形几何模型，然后根据测井资料和取芯资料获取天然裂缝的宏观统计学参数，从而建立天然裂缝的统计分布模型，通过三维随机模拟在三维空间中生成天然裂缝的离散裂缝网络。该方法简单易性，能够适应不规则的裂缝的边界，同时考虑实测的裂缝统计学特征，建立三维的随裂缝网络。

12.2　三维随机模拟天然裂缝的新方法

12.2.1　单裂缝几何模型

目前常用的离散裂缝随机模拟的单裂缝模型主要 Bacher 圆盘模型、改进的 Bacher 圆盘模型、泊松圆盘模型、矩形模型等，上述规则的模型往往无法准确刻画裂缝的不规则边界，通过室内真三轴压裂实验发现岩石在受到外在的构造应力和孔隙压裂时的破裂面的形状呈不同形态的"多边形"，因此本文决定使用随机多边形模型作为裂缝的单裂缝几何模型。

如图 12.1 随机四变形为例，四边形的四个顶点分别落在矩形的一条边上，每个顶点可以在对应的边随机移动，从而生成不同边界的随机四边形。

12.2.2　裂缝统计学分布

（1）裂缝方位分布

采用齐次泊松点过程来模拟裂缝的在三维空间的方位分布，泊松分布的密度参数为 λ，

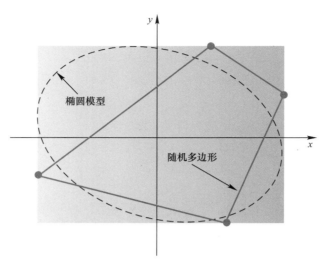

图 12.1　椭圆和随机多边形单裂缝模型

两个之间的距离满足均值为 $\frac{1}{\lambda}$ 的指数分布，则齐次泊松过程为：

① 初始化 $l=0$；

② 在均匀分布 $S(0,1)$ 上随机去一个随机数 s；

③ 根据 $l=l-\frac{1}{\lambda}\ln(s)$，随机生成一个点 l；

④ 继续返回（1）直到下面的条件成立：

$$\prod_{i=1}^{n}l_i<e^{-\lambda} \text{ 或者 } \sum_{i=1}^{n}\ln(l_i)<-\lambda \tag{12.1}$$

（2）裂缝产状分布

任何一个三维的裂缝平面可以有用倾角和走向两个参数决定，由于裂缝的倾角和走向的范围是有限集合，假设两个角度分别为 α 和 β，可知：

$$\alpha\in\left[0 \quad \frac{\pi}{2}\right],\quad \beta\in\left[0 \quad 2\pi\right] \tag{12.2}$$

而正态分布的范围为无限集，因此无法用来描述角度，本节使用 Von-Mise 分布来对两个角度的分布进行随机模拟，对于角度变量 x，Von-Mises 分布函数为：

$$f(x\mid\mu,k)=\frac{e^{k\cos(x-\mu)}}{2\pi I_0(k)} \tag{12.3}$$

其中 $I_0(k)$ 为第一类变形贝塞尔函数，μ 角度的均值，如图 12.2 所示，取均值为 0，进行 1000 次随机数生成，可以看出角度分布在 $[-\pi, \pi]$ 范围内，近似呈正态分布。

针对二维的裂缝随机模拟，从图 12.3 可以看出，随着 k 的增大，裂缝在均值周围的分散性越来越小，当 k 取 0 时为完全随机分布，因此 k 可以定义为随机变量沿着均值的密集指数，k 越大，在均值周围就越密集，角度的分散性就越小。

（3）三维缝网随机模拟方法

在每一次天然缝网三维随机模拟的过程中，如图 12.4 所示，首先根据裂缝的实际观测结果建立合理随机可变边界的单裂缝几何模型，描述单个裂缝的边界和形态变化；其次

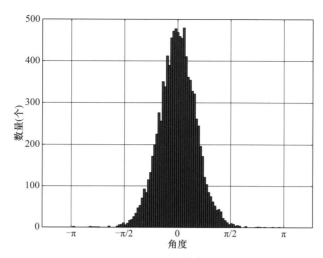

图 12.2　Von-Mises 分布模拟实例

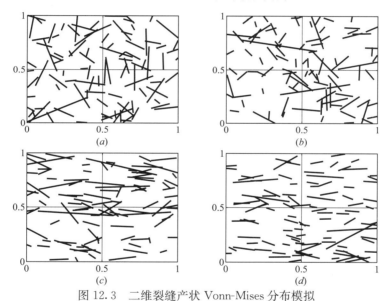

图 12.3　二维裂缝产状 Vonn-Mises 分布模拟

(a) $\mu=0$, $k=0$；(b) $\mu=0$, $k=0.5$；(c) $\mu=0$, $k=5$；(d) $\mu=0$, $k=10$

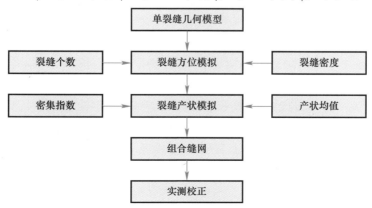

图 12.4　天然裂缝三维缝网随机流程

通过齐次泊松随机过程生成裂缝的中心方位，其密度参数可以露头观测或者地震资料取得；最后通过 Von-Mises 分布对单裂缝的产状进行随机模拟，Von-Mises 分布的分布模型参数可以根据已观测的裂缝进行条件随机模拟，最终得到较为合理的天然裂缝缝网模型。

12.3 裂缝随机模拟分析

如图 12.5 所示，分别利用随机多边形模型和椭圆模型模拟了 20 个裂缝形成的随机缝网，由于使用了剪切算法，所以部分几何模型在边界处被剪掉，可以从图中看出，随机多边形模型相较于椭圆模型的几何边界变化更为多样，可以更加清楚地描述储层天然裂缝的复杂形态。通过不同尺度缝网的组合可以实现天然缝网的跨尺度随机模拟。

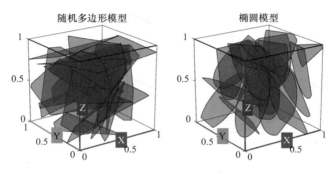

图 12.5 不同几何模型模拟

为了评价 Von-Mises 分布的随机模拟效果，分别对不同倾角变化范围和不同走向变化范围对整体缝网带来的直观变化，从图 12.6 和图 12.7 可以看出，相比较传统的完全随机

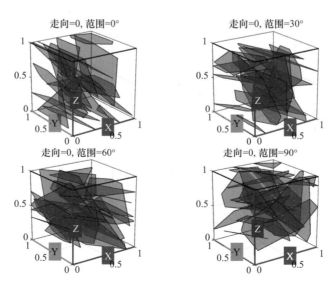

图 12.6 倾角范围变化下的缝网随机模拟

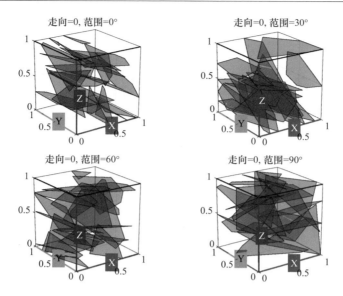

图 12.7　走向范围变化下的缝网随机模拟

模型，Von-Mises 分布不仅可以描述裂缝产状的总体均值的分布，而且可以在明确的角度分布范围内进行随机模拟，整体模拟结果近似正态分布，根据分布的次特性，可以根据实际的成像测井数据和地震反演资料，只需确定裂缝平均产状和变化范围，不需要知道每个具体数据的产状值，即可实现随机快速随机模拟。

12.4　结论

本章基于随机多边形模型和 Von-Mises 分布提出了一种简单可行的天然缝网三维随机模拟方法，得出以下结论：

（1）相比较传统几何模型，随机多边形能够适应更为复杂的裂缝几何边界，反映真实的天然裂缝形态。

（2）Von-Mises 分布能够根据裂缝的均值和分布范围，在不需要知道具体的裂缝信息条件下，从而对裂缝的产状进行较为快速地模拟，近似反映产状的分布情况。

（3）本文提出的随机模拟模型可以较好地结合成像测井和地震资料的部分裂缝解释结果进行条件随机模拟，提高整体三维缝网的可靠性。

第 13 章　基于 microseismic 数据的 SRV 计算与应用

13.1　引言

SRV（储层改造体积）的计算是评价页岩水力压裂施工的重要手段，已有研究表明，页岩压后的 SRV 和压后产量呈现明显的正相关，因此提高 SRV 成为优化储层压裂的主要目标。目前已有的关于 SRV 的计算方法多基于简单的几何模型，如长方体模型、椭球模型等，该方法的思路是在通过构造简单的几何包络体，把所得到的所有的为地震数据包含在内，最后通过计算包络体的体积来去计算估算储层改造的 SRV。该方法的缺陷首先是为了简化模型包含了大量的未响应区域，这些区域增加了计算误差，使得计算的 SRV 结果偏大；其次是该方法对低密度和远井地区的孤立的无效微地震响应敏感，进一步增加了计算的误差；第三是此种方法只能给出 SRV 的参考，用于压后的效果评价，无法根据压裂的产能计算结果对算法进行校正，从而提高 SRV 整体的计算精度。

由于以上的局限，本章基于 K-means 聚类分析和 Delaunay 三角剖分算法提出一种简单可行的 SRV 的计算方法。该方法首先通过过滤算法，对远井区域的孤立无效响应区域进行过滤；然后结合 K-means 三维聚类分析方法，对得到的微地震信号聚类分析，通过调整聚类的"堆"数排除未响应区域带俩的计算误差；根据聚类分析结果对所得到每一"堆"的微地震数据进行 Delaunay 三角剖分，识别每一"堆"数据对应的凸面包络体，通过计算包络体积之和最后得到整体 SRV 计算结果，该算法根据收缩因子实现对凸面包络体的放缩处理，因此可以根据压裂产能模型对 SRV 的计算进行校正，从而得到一个区域较为精确的 SRV 计算结果。

13.2　计算 SRV 的方法

13.2.1　K-means 聚类分析

K-means 算法由 Hartigan 在 1979 年首次提出，最初为了解决信号处理中的量化问题，目前广泛用于数据挖掘和人工智能领域。令 $P = \{p_i, i = 1, 2, \cdots, n\}$ 表示原始的 n 维的点集，令 $U = \{u_k, k = 1, 2, \cdots, K\}$ 表示聚类的目标，即将 P 集合聚成小的 K 个 u 集合，本质上是按照一定的距离算法对集合的重新划分。K-means 算法的划分标准是找到一种聚类的划分使得其聚类后的每一类的均值中心到每个类中点的总距离的平方和最小，令 c_k 为 u_k 的中心点，则可以得到对于每一 c_k 对 u_k 的平方和函数为：

$$J(u_k) = \sum_{p_i \in u_k} \| p_i - c_k \|^2 \tag{13.1}$$

对于所有的 U 集中的每个子集求总的累计平方和,可以得到:

$$J(U) = \sum_{k=1}^{K} \sum_{p_i \in u_k} \| p_i - c_k \|^2 \tag{13.2}$$

K-means 算法的最终目标是一定迭代次数内找到该目标函数取最小的值得聚类划分。如图 13.1 所示可以根据目标类数对进行对原始点集进行不同程度的剧烈,K 越大,类的总数越多,对应每一类的包含的点数越少,局部误差越小,但是由于累加的数量增多,总体的误差可能会随之增大,在实际的应用中应当控制 K 取一个合理的值,使总体的误差在一定合理范围内。

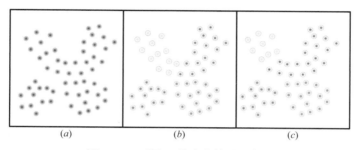

图 13.1　不同 K 值聚类结果示意图

(a) 原始数据;(b) $K=4$;(c) $K=5$

13. 2. 2　Delaunay 三角剖分方法

Delaunay 三角剖分首次于 1934 年首次提出,其首先证明对于任意的平面点集 P,在众多的三角化剖分方法中,必然存在且仅仅存在一种剖分方法,使得剖分结果中所有的三角形的最小内角和最小。由于 Delaunay 三角剖分有效地避免了病态不规则三角形网格的出现,网格形态好,能够适应不同密度点集和不规则边界点集的处理,被广泛地应用于图形处理、地理信息、数值计算等领域中,图 13.2 分别给出了二维和三维的 Delaunay 三角剖分针对空间离散点集的划分结果,特别对于三维点离散点集的处理,可以准确地识别点集的三维边界,并且计算每个子包络体的体积。

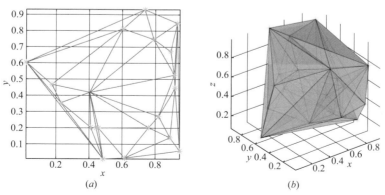

图 13.2　二维和三维 Delaunay 三角剖分

(a) 二维 delaunay 三角化;(b) 三维 delaunay 三角化

本研究利用上述优点，利用 Delaunay 三角剖分对三维微地震数据进行处理，应用 alpha-shape 方法进行三维网格的 Delaunay 三角剖分，如图 13.3 所示，在 alpha-shape 的计算过程中，由于引入了收缩因子，其取值为 0 到 1，随着收缩因子的增大，识别的微地震边界逐渐收缩变小，因此可以结合产能的计算结果，对压裂改造区域的收缩因子进行校正，从而得到较为准确的 SRV 计算结果。

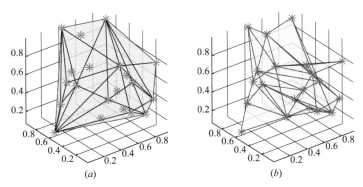

图 13.3　不同收缩因子 Delaunay 三角剖分结果

(a) 收缩因子＝0；(b) 收缩因子＝1

13.2.3　SRV 计算方法

在使用微地震数据 SRV 的过程中，由于压裂过程中由于远井天然裂缝被激发，压裂后随之闭合，在整体的微地震事件分布中产能了远离压裂区域的"孤立"事件点，这些事件点一般不产生产能，事件点的密度也比较低，因此属于微地震信号中的无效事件，为了降低该部分事件点引起的计算误差，首先需要对微地震点进行过滤处理，得到较为连续分布的微地震事件集合。如图 13.4 所示，在预处理之后，为了进一步消除微地震事件周围

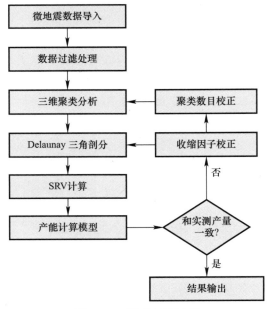

图 13.4　SRV 计算流程

未响应区域带来的计算误差，采用三维聚类分析，选用合适的聚类数目，对每一段得到的微地震事件进行 K-means 聚类分析，将每一段数据分成不同"堆"，使用 Delaunay 三角剖分方法对每一"堆"离散点进行边界的包络体识别，分别计算每一"堆"数据对整体 SRV 的贡献，最后累加得到整体的 SRV 计算结果。和传统方法不同的是，该方法可以进一步将 SRV 结果代入预设的产能计算模型，通过调整不同聚类数目和收缩因子对原始的三角剖分计算进行校正，从而得到一个区域的和产能结果一致的收缩因子，从而实现 SRV 的精确计算。

13.3　算例

13.3.1　工程背景

某平台背斜构造中奥顶构造南翼，处于天然裂缝相对比较发育的区域，其中井完钻层位为龙马溪组页岩，水平段页岩脆性矿物含量为 61.4%，具备形成复杂缝网的条件，目的层位深度为 4700m，水平井水平段延伸长度为 1500m。该井设计压裂段数为 22 段，压裂过程中采用低黏度滑溜水作为压裂液体系，段间封隔采用大通径桥塞作为分段工具，多级压裂段间距控制在 60~100m，为了形成较为复杂的裂缝网络，提高储层改造体积，采用"大排量、大液量、大砂量、低黏度、低砂比、小粒径"的压裂方案进行多级压裂改造。如图 13.5 所示，井在多级压裂过程中微地震有效定位并实时处理事件点共 3889 个，所描述的裂缝方位总体上沿着东西方向扩展，方位与水平井接近垂直，局部受到天然裂缝的影响有所变化，总体来看井的改造效果较好，形成了一定规模的复杂缝网。

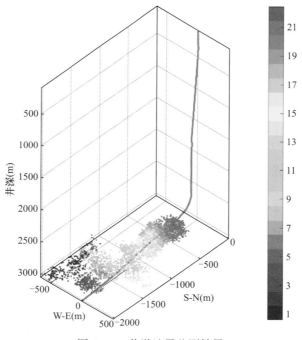

图 13.5　井微地震监测结果

13.3.2 SRV 计算结果

如图 13.6 所示，可以明显地看出压裂段 SRV 在第 3 级、第 10 级和第 14 级达到了峰值，其中从图 13.5 可以看出第 3 段 SRV 较大的原因是多级压裂压穿了井间的区域，从而激发邻井的已形成的裂缝响应，导致整体的微地震扩展范围增大，SRV 结果增大。同时从 5-20 压裂段的结果可以看出，该井的多级压裂段间裂缝展布范围呈现明显的不均匀，不同段间 SRV 计算结果差异较大，并且段间压裂干扰严重，因此该井 SRV 的计算结果可以定量地对压裂效果进行评价，辅助多级压裂之间的进行段间距和簇间距的优化。

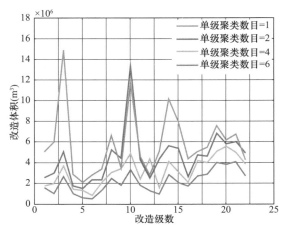

图 13.6 井不同聚类数目 SRV 计算结果

该算法最大的优势之一就是可以将 SRV 计算结果代入产能模型，从而对算法中的单级聚类数目进行校正，从图 13.6 和图 13.7 可以看出，随着单级聚类数目的增加，每一级增加的聚类数目增加，整体的 SRV 计算结果逐渐变小，可以从图 13.7 看出是因为随着聚类数目的增加，包络体的识别更加精细，排除了点云之间的空白区域，从而压缩了整个 SRV 计算结果。

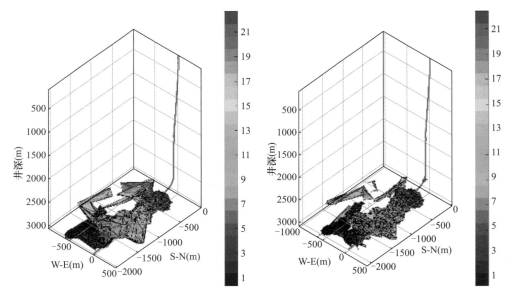

图 13.7 井不同聚类数目包络体识别结果（其中左图单级聚类数目为 2，右图单级聚类数目为 8）

同理，为了探究收缩因子对整个计算结果的影响，分别设置收缩因子为 0-1，步长为 0.2，从图 13.8 可以看出，随着收缩因子的增大，每一级的 SRV 计算结果逐渐变小，整体的曲线呈现"下沉"趋势。从图 13.9 可以进一步看出，随着压缩因子的增大，包络体的识别更加紧密，排除了包络体周围的空白区域的干扰和影响。

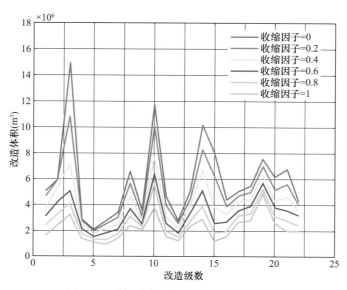

图 13.8　井不同收缩因子 SRV 计算结果

在已有产能模型的基础上，可以将 SRV 的计算结果代入产能模型，调整不同的聚类数目和包络体收缩因子，从而使实际测量的产量结果和计算结果一致，该聚类数目和包络体收缩因子可以随着区块的变化而变化，最终得到符合实际区块的 SRV 计算模型，同时可以使用 SRV 计算结果对不同的施工方法进行评价和优化，使产能最大化。

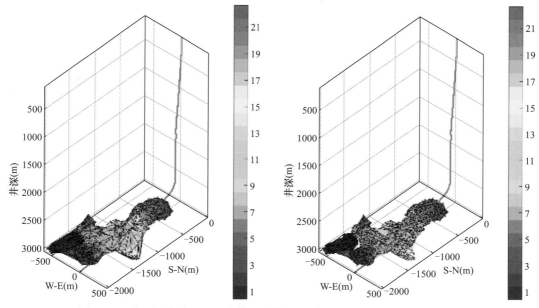

图 13.9　井不同收缩因子包络体识别结果（其中左图为 0.3，右图为 0.7）

13.4 结论

本章基于三维聚类分析和子 Delaunay 三角剖分方法，提出了一种简单可行的 SRV 计算方法，结合产能模型进行校正，从而得到较为可靠的储层改造体积（SRV）计算结果，得到结论如下：

（1）SRV 的计算过程中包络体识别受到微地震数据边界空白区域和微地震点云之间的空白区域的影响，随着聚类数目的增加逐渐可以排除点云之间空白区域的影响，随着收缩因子的增加可以排除微地震点云边界空白区域的影响。

（2）微地震响应区域可以近似作为多级压裂的储层改造区域，由于远井存在无效的响应区域，导致计算误差增加，该方法可以排除远井的无效区域，识别到连续的三维包络体。

（3）相比较传统方法，该方法能够实现段间 SRV 的精细计算，从而辅助段间距和簇间距进行施工优化，同时该算法可以将 SRV 计算结果代入产能计算模型，调整得到区块的聚类数目和收缩因子，通过实测产能的校正可以得到精确的 SRV 结果。

第 14 章 裂缝性页岩储层水力裂缝扩展行为

14.1 引言

页岩储层基质渗透率极低，根据以往经验，页岩气的开采需要依靠大规模的水力压裂。如何根据储层条件，采用合理的施工参数，获得最大的储层改造体积（SRV），是当今研究的一个热点问题。虽然水力压裂数值模拟技术在过去几十年内取得了长足的进步，但由于页岩气储层天然弱面发育产状复杂，数值方法往往难以准确描述水力裂缝的复杂扩展行为。因此，国内外学者在天然裂缝性储层水力压裂物理模拟实验方面做了大量的工作。

Beugelsdijk 和 De Pater 开展对水泥块的压裂物模实验，发现在高压裂液排量和黏度的情况下，能形成一条主要的水力裂缝；而在低排量的条件下，压裂液只会进入天然裂缝网络。陈勉等人通过对存在随机天然裂缝的试样进行压裂实验发现，在高水平主应力差条件下，主缝多分支缝裂缝形态占优；在低水平主应力差条件下，径向网状裂缝形态占优。Blanton 对天然页岩和人造石膏块开展压裂物模实验，发现只有在高应力差和高逼近角的情况下水力裂缝才会穿透天然弱面，在大多数情况下水力裂缝都会转向或被天然弱面捕获。Tan 等人按照裂缝复杂程度将页岩储层压后裂缝形态分为四类，并提出在垂向地应力差异系数为 0.2～0.5 之间时最有利于形成复杂裂缝网络。Hou 等人指出在低排量下，水力裂缝会被层理面捕获，而在高排量下，层理面周围会产生很多微裂缝，水力裂缝会因此而发生分叉形成多条裂缝。AlTammar 和 Sharma 通过平板压裂实验，发现在差应力为零的情况下，裂缝倾向于平行于天然弱面扩展，且当天然弱面胶结强度较弱时，水力裂缝容易被天然弱面捕获，引起天然弱面的滑移。Suarez-Rivera 等人提出天然弱面的力学性质（摩擦系数和黏聚力）也会对压后的水力裂缝形态有较大影响。

上述研究都只局限于对压后裂缝形态的观察，没有对裂缝扩展过程中的行为进行研究。因此一些学者采用声发射数据来监测水力裂缝的扩展过程。Pyraknolte 等人通过室内实验发现声发射数据可以反映水力裂缝的扩展过程。侯冰等人发现，声发射累计事件数在泵压达到峰值之前就到达顶峰，说明发生宏观破裂之前试样中就有许多微观破裂发生并引发大量声发射事件。他们还发现，在岩石基体起裂方向的声发射点较多，沿着天然裂缝方向的声发射点较少。除此之外，Unal 等人还提出对现场压裂泵压数据进行小波分解，用得到的高频信息来识别水力裂缝扩展过程中的异常行为。

因此，对发育天然弱面的页岩露头开展真三轴水力压裂物模实验，结合压后裂缝形态及声发射数据分析了裂缝的扩展行为。并对泵压曲线进行了小波分析。本研究探索了不同的地应力条件和施工参数对水力裂缝扩展行为的影响，同时验证了小波分析方法在泵压曲线分析中的适用性，对现场压裂施工有一定的指导意义。

14.2　试验方法

14.2.1　试验试样及设备

本实验采用真三轴压裂物理模拟系统。该系统由真三轴实验架、MTS 伺服增压泵、稳压源、油水隔离器、平板压裂装置、泵压记录装置以及 LOCAN AT 声发射采集装置组成（图 14.1）。

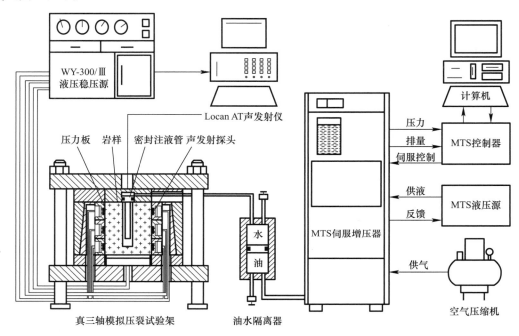

图 14.1　真三轴压裂物理模拟系统示意图

实验试样来自于某区块龙马溪组页岩露头。通过 XRD 和三轴压缩实验，确定试样的杨氏模量约为 45GPa，泊松比约为 0.2，石英、长石、黄铁矿含量约为 70%，碳酸盐岩矿物含量约为 10%，黏土矿物含量约为 20%。因此，露头属于典型的硅质页岩。对露头进行人工切割，制成 300mm×300mm×300mm 的正方体试样。随后，在法向方向平行于层理面的试样表面中心用钻孔机垂直向下钻出一个直径为 20mm、长为 170mm 圆柱形孔，模拟水平井眼。最后向孔内倒入固井胶并插入人工井筒，静置样品直至固井胶完全凝固。压裂液由清水作为基液，并加入胍胶调整其黏度。压裂液中加入少量荧光粉，便于压裂完成后打开试样观察裂缝形态。

14.2.2　试验方案

实验通过模拟页岩气储层水平井压裂过程，研究不同垂向地应力差异系数 $[(\sigma_v - \sigma_h)/\sigma_h]$、压裂液黏度、排量和泵注程序对水力裂缝起裂扩展以及与天然弱面相互作用的影响。实验方案如表 14.1 所示。根据现场 Kaiser 实验实测地应力数据，设置二组地应力差异系数分别为 0.22，0.04；压裂液排量设置两组，分别为 10mL/min 和 20mL/min；压裂液黏度设置两组，分别为 30mPa·s 和 60mPa·s。同时，有研究认为，压裂施工过程中途停泵再启泵所引起的动载效应有利于提高水力裂缝的复杂程度，因此多组实验在压裂过程中都停泵两次，研究压裂中途停泵对水力裂缝扩展行为和最终形态的影响。

压裂实验方案　　　　　　　　　　　　　　　　　　　表 14.1

试样编号	垂向地应力差异系数 $(\sigma_v-\sigma_h)/\sigma_h$	三向应力 $\sigma_v/\sigma_H/\sigma_h$	排量 (mL/min)	黏度 (mPa·s)	停泵次数
1 号	0.22	11/12/9	10	30	—
2 号	0.22	11/12/9	10	60	2
3 号	0.22	11/12/9	10	30	2
4 号	0.22	11/12/9	20	30	2
5 号	0.04	11/12/10.6	10	60	2
6 号	0.04	11/12/10.6	20	60	2
7 号	0.04	11/12/10.6	20	60	2

14.2.3　声发射数据分析

在压裂物模实验中，声发射数据往往被用来监测试样内部裂缝的扩展路径。但由于页岩中天然弱面发育，各向异性强，声发射数据多存在定位不准的情况。因此，本文将声发射原始数据中的声发射事件数和声发射总能量提取出来，结合泵压曲线进行分析（图 14.2）。

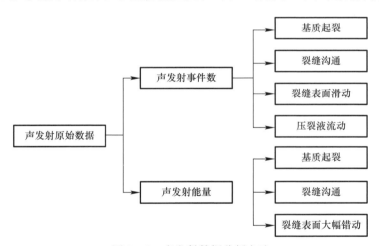

图 14.2　声发射数据分析方法

声发射事件数为单位采样时间内所有探头接收到的声发射事件总量，能全面地反映基质的起裂，水力裂缝与天然弱面的沟通，裂缝表面错动以及压裂液的流动，但其往往难以准确反映破裂事件。声发射能量为单位采样时间内所有探头接收到的声发射事件能量总和，由于基质起裂、裂缝沟通与裂缝表面的大幅错动会释放较强的声发射信号，在声发射能量曲线上会表现出明显的高点，因此声发射能量可以被用来更准确地识别裂缝起裂、沟通和错动等事件。

14.2.4　泵压曲线小波分解

本章采用多级离散小波分析的方法（图 14.3），将泵压数据进行高通和低通滤波后，分别得到泵压数据的高频和低频信息，其中高频信息又被称为细节信息，可以很好地表征泵压数据的不连续点和奇异点；低频信息又被称为趋势信息，可以很好地表征泵压数据的整体趋势。将得到的趋势信息继续进行小波分解可以得到更低频率的细节信息和趋势信息，通过多级分解和优选可以得到最能反映破裂事件的细节信息。经过试算，本章中采用泵压曲线第二级分解所得的高频信息进行破裂事件的识别。

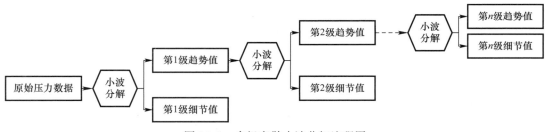

图 14.3　多级离散小波分解流程图

14.3　讨论

14.3.1　垂向地应力差异系数的影响

为研究垂向地应力差异系数对水力裂缝扩展行为的影响，选取了 2 号和 5 号试样进行对比，两者的垂向地应力差异系数分别为 0.22 和 0.04，排量为 10mL/min，黏度为 60mPa·s。

2 号试样的压后裂缝形态以及声发射事件、能量如图 14.4 所示。为了更加直观地观察裂缝形态，采用 Solidworks 软件对压后的三维裂缝形态进行重构。同时，在声发射能量图中，能量高点均被标注出来，便于识别。分析压后裂缝形态可以发现，压裂过程中，首先形成与 σ_h 近垂直的横切裂缝 HF1，当水力裂缝遭遇高角度天然裂缝时，发生分叉，形成 HF2，同时 HF1 扭曲扩展；HF1 扩展至远端遭遇并穿透开度较大的层理面 BP，同时压裂液向 BP 中滤失将其沟通。结合泵压曲线及声发射数据可以发现，在 690s 时，HF1 起裂；840s 重新启泵时，HF1 发生分叉形成 HF2；压力爬升过程中 HF1、HF2 沟通 BP，压裂液向 BP 滤失引发大量声发射事件；2166s 重新启泵时，HF1 穿透层理面 BP。因此，在高垂向地应力差异系数条件下，水力裂缝难以沟通低角度天然弱面；但当水力裂缝遭遇高角度天然裂缝时，易发生扭曲转向；且当水力裂缝扩展至远端水力能量不足时，可能沟通胶结程度低、开度较大的层理面；同时，关井憋压过程中压裂液向天然弱面滤失较少，压力下降不明显，重新启泵时发生大量破裂事件。

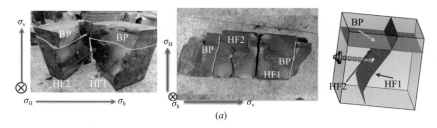

图 14.4　2 号试样试验结果（一）

（a）压后裂缝形态

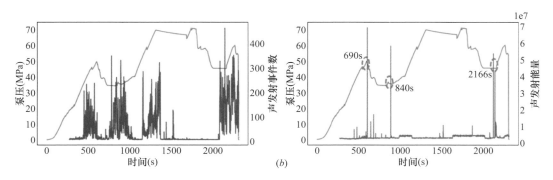

图 14.4　2 号试样试验结果（二）

（b）声发射事件数、声发射能量与泵压曲线对应图

5 号试样的压后裂缝形态以及声发射事件、能量如图 14.5 所示。分析压后裂缝形态可以发现，压裂过程中，首先形成一条与 σ_h 垂直的水力裂缝 HF，由于较小的垂向地应力差异系数，水力裂缝沟通 BP1，BP2 及 NF，压裂液向弱面滤失；水力裂缝穿透 BP2 及 NF，未能穿透 BP1。结合泵压曲线及声发射数据可以发现，在 400s 时，HF 起裂；510s 时，HF 穿透 BP2；重新启泵后压力爬升至顶点 980s 时 HF 沟通 BP1；再次启泵后，1300s 时 HF 沟通 NF，1400s 时 HF 穿透 NF。因此，在低垂向地应力差异系数条件下水力裂缝易沟通低角度天然弱面，形成鱼骨刺状裂缝网络；且关井憋压过程中压裂液向天然弱面滤失较多，压力下降明显，形成待破裂过程区，引发大量声发射事件，重新启泵后压力爬升至高点后微裂缝贯穿形成宏观裂缝。

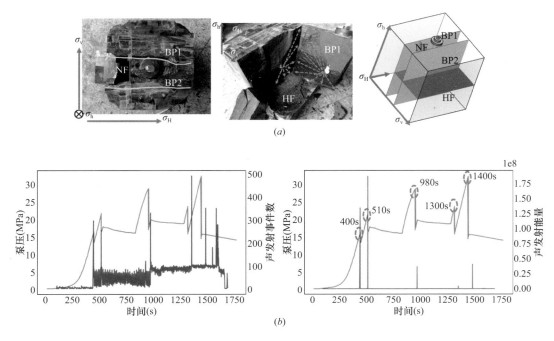

图 14.5　5 号试样试验结果

（a）压后裂缝形态；（b）声发射事件数、声发射能量与泵压曲线对应图

14.3.2　压裂液排量的影响

为研究垂向地应力差异系数对水力裂缝扩展行为的影响，选取了 5 号和 6 号试样进行对比，两者的压裂液排量分别为 10mL/min 和 20mL/min，地应力差异系数为 0.04，黏度为 60mPa·s。

6 号试样的压后裂缝形态以及声发射事件、能量如图 14.6 所示。对比 5 号试样，可以发现，在垂向地应力差异系数为 0.04 时，排量的大小对压后裂缝形态影响较小，10mL/min 和 20mL/min 的条件下均能形成复杂裂缝，但从声发射数据可以看出排量对裂缝扩展过程的影响。低排量条件下（5 号），声发射事件分布较散，破裂事件多，说明裂缝低速稳态扩展；停泵阶段憋压较高，两次宏观破裂事件之间有大量的微裂隙起裂滑移事件。高排量条件下（6 号），声发射事件分布集中于压力波动点附近，破裂事件少，说明裂缝高速动态扩展，停泵阶段压力迅速掉落，两次宏观破裂事件之间几乎没有微裂隙起裂滑移事件。

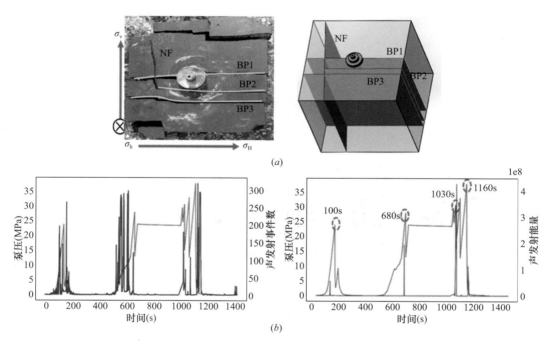

图 14.6　6 号试样试验结果

（a）压后裂缝形态；（b）声发射事件数、声发射能量与泵压曲线对应图

14.3.3　压裂液黏度的影响

为研究垂向地应力差异系数对水力裂缝扩展行为的影响，选取了 2 号和 3 号试样进行对比，两者的压裂液黏度分别为 60mPa·s 和 30mPa·s，地应力差异系数为 0.22，排量为 10mL/min。

3 号试样的压后裂缝形态以及声发射事件、能量如图 14.7 所示。分析 2 号与 3 号试样的压后裂缝形态可以发现，60mPa·s 压裂液黏度条件下（2 号），水力压裂过程中易形成单一大开度主缝，有利于加砂，但裂缝形态相简单，SRV 小。30mPa·s 压裂液黏度条件下（3 号），水力裂缝起裂并扩展时，容易转向并沟通层理面或天然裂缝，形成复杂的裂缝形态。结合声发射数据可以看出，高压裂液黏度条件下，声发射事件分布散，能量高点多，说明裂缝扩展过程中反复出现"形成待破裂区—宏观破裂"的循环，裂缝稳态扩展。低压裂液黏度条件下，声发射事件分布只集中于压力波动点附近，说明裂缝扩展速率快，憋压过程短，没有"形成待破裂区"这一过程，裂缝动态扩展。

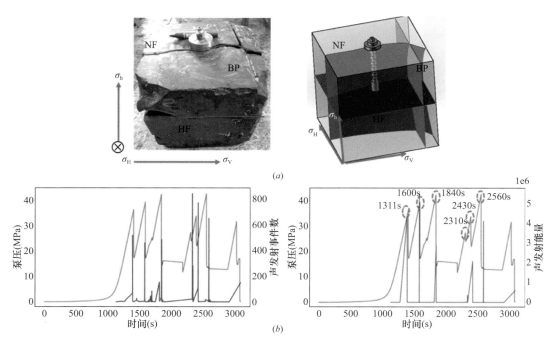

图 14.7　3 号试件试验结果

（a）压后裂缝形态；（b）声发射事件数、声发射能量与泵压曲线对应图

14.3.4　泵压曲线的小波分析

为研究小波分析方法在泵压曲线分析中的适用性，选取 1 号试样的泵压数据进行小波分解，并与 1 号试样的压后裂缝形态、声发射数据进行对比分析，如图 14.8 所示。泵压曲线有两个明显波动点，位于 527s 和 721s，这两点处都对应较多的声发射事件数。但从声发射能量曲线来看，只有 527s 处的声发射事件释放能量较多，对应破裂事件。结合压后裂缝形态，可知第 1 个泵压波动点对应水力裂缝 HF 起裂，第二个泵压波动点处 HF 穿透层理面 BP。因为穿透事件虽然会引起压力波动，但不会引发高能量的破裂事件。小波分解所得到的第二级细节信息与声发射能量信息对应较好，也只在 527s 处有明显的奇异点。以上结果说明泵压曲线小波分解所得的高频信息能被用来准确地识别破裂点。

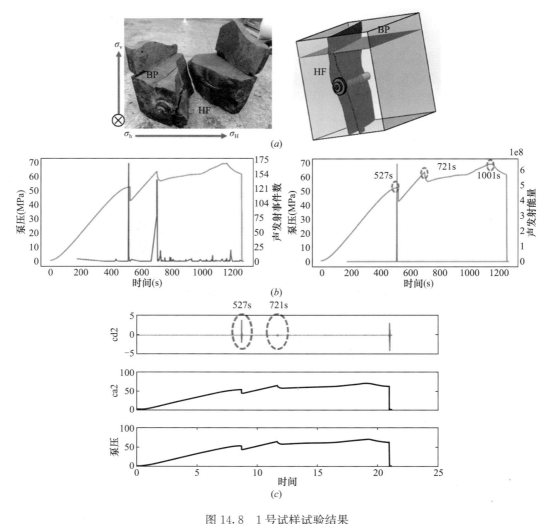

图 14.8　1号试样试验结果

（*a*）压后裂缝形态；（*b*）声发射事件数、声发射能量与泵压曲线对应图；
（*c*）泵压曲线二级小波分解趋势信息和高频信息

14.4　结论

　　基于室内大型压裂物模实验，结合压后裂缝形态，声发射数据和泵压曲线，研究了不同垂向地应力差异系数，压裂液排量、黏度条件下天然弱面发育的页岩储层中水力裂缝的扩展行为。得到以下结论：

　　（1）天然裂缝及层理面的存在对压裂水力裂缝扩展影响较大，可以使水力裂缝由单一的横切缝向复杂缝网转变。垂向地应力差异系数等于 0.22 时，水力裂缝难以沟通低角度天然裂缝及层理面；但当水力裂缝遭遇高角度天然裂缝时，易发生扭曲转向；垂向地应力差异系数等于 0.04 时，水力裂缝易沟通低角度天然弱面，形成鱼骨刺状裂缝网络。垂向地应力差异系数为 0.04 时，压裂液排量对压后裂缝形态影响较小；但当压裂液排量为

10mL/min 时，水力裂缝低速稳态扩展，两次宏观破裂事件之间有大量的微裂隙起裂滑移事件；当压裂液排量为 20mL/min 时，水力裂缝高速动态扩展，两次宏观破裂事件之间几乎没有微裂隙起裂滑移事件。

（2）高黏压裂液（60mPa·s）条件下，易形成单一大开度主缝，只有当水力裂缝扩展至远端能量不足时沟通大开度层理面，且水力裂缝低速稳态扩展；低黏压裂液（30mPa·s）条件下，主缝在扩展过程中易沟通天然弱面形成复杂缝网，且水力裂缝高速动态扩展。压裂过程途中停泵一段时间，再启泵后声发射能量图上会有明显的能量高点，说明重新启泵会诱发二次破裂，可能造成裂缝转向、分叉，有利于形成复杂裂缝形态。泵压曲线小波分解所得的高频细节信息与声发射能量高点吻合较好，能用于准确识别破裂事件。

第 15 章　致密储层水平井段井眼轨迹优选设计

15.1　引言

本专著前文对致密储层做了详细介绍，本章不再赘述。能使致密储层生产的主要方法是水力压裂。井眼轨迹优化选择是井眼设计的基本内容之一。尤其是对于裂隙型的致密储层，井眼轨迹的优化选择就更重要了。精心优选设计的井眼轨迹能够保证压裂效果最佳。当井眼轨迹以合适的角度穿越储层甜点时，得到的储层压裂体积（SRV）最大。

临界应力状态裂隙（CSF）是一个概念，它描述裂纹所在位置的应力分量和黏结强度、内摩擦角形成的组合与 Mohr-Coulomb 塑性屈服条件的接近程度（Franquet，Krisadasima，Bal et al. 2008）。临界应力状态裂隙容易被水力压裂施工打开。因此，设计井位时要力争使井眼轨迹经过这些 CSF 裂纹区域，这样压裂施工的效果最佳。

除了上述对 CSF 裂纹的考量之外，井眼轨迹优化还需要考虑另一个因素，这就是天然裂隙和地应力主应力方向的夹角。当天然裂隙主方向和最大水平主应力方向的夹角为零时，裂纹按照最大水平主应力方向扩展；当天然裂隙主方向和最大水平主应力方向的夹角非零时，裂纹扩展的方向受几个因素的影响，并不一定沿最大水平主应力方向扩展。

本章第 2 节将介绍根据 CSF 概念和地质力学数值解进行井眼轨迹优化的工作流程和计算步骤。之后的例子中使用的数据仅供方法验证使用目的，是在已有工程数据基础上修改之后得到的，不是原值。

15.2　井眼轨迹优化的工作流程和计算步骤

关于井眼轨迹优化优选的研究文献很多（沈新普，Standifird，2011；殷晟，2014；狄勤丰，高德利，2004；高佳佳，邓金根，闫伟，等，2016）。根据不同的优化限制条件和优选准则，优化优选的工作流程和计算步骤也有相应的不同的任务和内容。

井眼轨迹优化优选这里的任务是根据 CSF 概念和地应力的数值解进行井眼轨迹优化。下面的式（15.1）根据 Mohr-Coulomb 定律得到的摩擦滑移条件。这个表达式也用于判断有限单元模型中一个点的应力状态是否进入塑性屈服。

$$\tau = c + \mu\sigma_n \tag{15.1}$$

式中 τ 是摩擦滑动表面上的剪应力，c 是黏结强度，μ 是材料的内摩擦系数，而且有 $\mu = \tan\varphi$，φ 是材料的内摩擦角。σ_n 是滑动面上的压应力。如果裂隙地层中的裂纹所在点上的应力分量接近式（15.1）表达的关系，这个点的这种应力状态叫作临界应力，这个裂纹就称作临界应力裂纹 CSF。

具有天然裂隙的致密储层井眼轨迹优化的任务是根据初始地应力场找到 CSF 状态下的裂纹所在，让井眼轨迹闯穿过这样的区域。为此，我们定义了 F-势函数如式（15.2）所示：

$$F = \tau - (c + \mu\sigma_n) \leqslant 0 \tag{15.2}$$

为了便于进行有限元计算，可以把上式（15.2）转换成主应力的表达形式（Owen and Hinton，1980）。式（15.2）在倾角为 β 天然裂隙表面上的表达式如式（15.3）所示：

$$F_\beta = \tau_\beta - (c_\beta + \mu_\beta\sigma_{n\beta}) \tag{15.3}$$

式中下标 β 代表在倾角为 β 的裂纹面上定义的力学量及其取值。

作为应力因子，式（15.3）给出的 CSF 势函数 F_β 其值的大小代表着"模型内一点的天然裂隙表面上的应力状态与 $F_\beta = 0$ 对应的塑性滑移临界应力状态接近的程度"。这样可以进一步根据一点处 F_β 势函数的值的大小来选取优化的井眼轨迹：选择井眼轨迹经过 $F_\beta = 0$ 或接近 0 的点、避开那些明显远离 $F_\beta = 0$ 的点。无论如何，优化后的轨迹上的 F_β 函数比其他位置上的点的值都更接近相对 0，如式（15.4）所示。对于 F_β 值的计算则采用用户子程序来实现（Dassault Systèmes，2010）。

$$F_\beta^{optimized} \geqslant F_\beta^{other} \tag{15.4}$$

具体计算步骤为：

使用测井数据和其他观测信息，进行单井地质力学分析。

使用上述单井应力分析结果，结合地质构造和地层信息，建立三维有限元模型。

使用有限元模型进行初始地应力分析。进一步利用 ABAQUS 用户子程序计算模型各点上 F_β 势函数。

比较并选择各个区域上的 F_β 值最大的点，并将这些点连成一条线，作为井眼轨迹。按这样优选得到的井眼轨迹进行钻井、压裂施工，由于天然裂隙本来就处于接近摩擦滑动的应力状态，压裂引起的孔隙压力增加及有效应力减小将迅速使应力状态进入临界滑移及摩擦滑移应力状态，因此这样得到的压裂效果最好，所形成的储层压裂体积最大。

15.3 数值应用

下面用一个实例来验证上述工作流程。

（1）单井分析的岩石力学结果

单井分析结果得到的竖向应力是按照密度累计得到的重力值，即 $\sigma_v = \rho g h$。这里采用的密度值为 2400kg/m³。

侧压力系数，在最大水平主应力方向是 0.875，取 x-方向为最大水平主应力方向，即 $S_H = \sigma_x = 0.875\sigma_v$，侧压力系数在最小水平主应力方向是 0.5，对应 $S_h = \sigma_y = 0.5\sigma_v$。

储层孔隙压力值是 85MPa，初始孔隙比为 0.1。

储层材料的弹性模量是 20GPa，泊松比为 0.2。其他地层的弹性模量和泊松比也取这组值。

（2）构建三维初始地应力场

如图 15.1 所示，模型包括 3 种不同材料的地层，分别为：上层、储层和地层。储层为致密砂岩气储层。其厚度在 120～170m 之间。储层为裂隙型地层，分布有丰富的天然裂隙。天然裂隙相关参数的定义见图 15.2（Swoboda，Shen，Rosas，1998）。为了简化计算，这里对天然裂隙视作在储层内均匀分布。天然裂隙的倾角为 $\beta=73°$，方向角为正东方向（90°）。这样，天然裂隙主方向和最大水平主应力同在 XOZ 平面内。

储层分布在垂深 $TVD=5000m$ 附近。简化模型的厚度为 850m，其顶部的垂深为4600m，底部的垂深为 5450m、宽度 2400m、长度 3700m。

图 15.1 模型的有限元网格

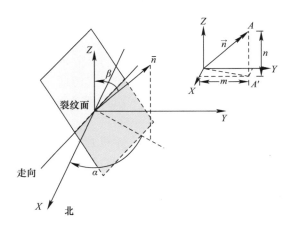

图 15.2 天然裂隙相关参数的定义示意图

图 15.3 给出了储层的几何形状和网格。

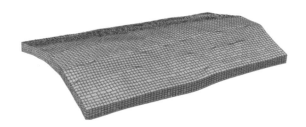

图 15.3 储层的几何形状和网格

（3）F_β-势函数和初始地应力场的三维有限元数值解

模型的边界条件为各个表面的法向 0 位移约束。上覆岩层压力通过应力场初始赋值来模拟。

图 15.4～图 15.7 给出了竖向应力分量 S33、Mises 等效应力、孔隙压力、和 F_β-势函数的分布。只有储层被赋予孔隙压力，其他地层简化为不可渗的，没有孔隙压力。储层的应力结果为有效应力的值。

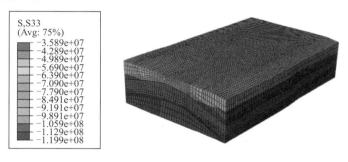

图 15.4　竖向应力的分布云图（Pa）

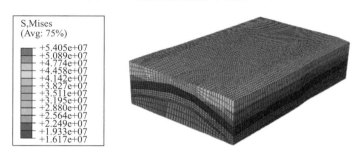

图 15.5　Mises 等效应力分布云图（Pa）

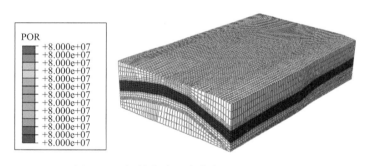

图 15.6　初始孔隙压力分布云图（80MPa）

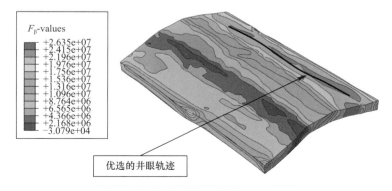

图 15.7　F_β 势函数云图 $S_H = \sigma_x$（Pa）

如图 15.7 所示，F_β-势函数的值分布在 -20MPa 至 38MPa，有些点的 F_β 值大于 0。原因是这里使用了孔隙弹性本构模型进行计算，没有允许塑性流动。F_β 的值大于 0 的应力点在使用塑性本构之后会产生塑性流动，使 F_β 值维持在 0 附近。

（4）选择最佳井眼轨迹

在图 15.7 中显示的 F_β 云图标示了 CSF 的位置即在水力压裂载荷下容易被压开的裂隙的位置。从图 15.7 中可以看出，在背斜构造的顶部，F_β-势函数的值低于离开顶部一定距离处的点上的 F_β-势函数值。而且可以看出图中右边的 F_β-势函数值明显比左边的大，因此，最佳的优化井眼轨迹应该选在图 15.7 中的右边这条曲线的部位上。在边界上 F_β-势函数的值也有高的地方。不过，本书认为边界上的值有误差，可以不采用。

改变模型中输入的最大水平主应力的方向，即让 $S_H = \sigma_y$ 这样的初应力场输入值得到的 F_β-势函数云图如图 15.8 所示。在背斜构造的顶部，F_β-势函数的值低于离开顶部一定距离处的点上的 F_β-势函数值。因此，最佳的优化井眼轨迹应该选在图 15.8 中的两条曲线的部位上。

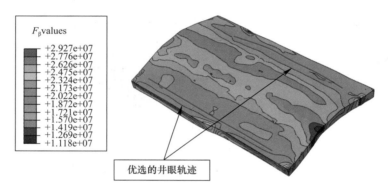

图 15.8　F_β-势函数云图 $S_H = \sigma_y$（Pa）

15.4　扰动后的地应力场中的井眼轨迹优化计算

前述各节给出的优化流程是用于在新油田钻井设计工作的。假如井眼轨迹优化计算是在老油田中进行，由于老油田中已经存在若干油井，地应力场是被扰动过的。尤其水力压裂对地应力场的扰动明显。下面以压裂造成的扰动为例，说明在扰动后的油田区块进行井眼优化设计时的流程。

对于水力压裂造成的对地应力场的扰动，必须首先模拟压裂过程，之后卸载，这样得到的应力场既是压裂扰动过的应力场。所以，这个时候的井眼轨迹优化计算流程中，多了两个内容，分别为：

对水力压裂的模拟，包括裂纹扩展和渗流场的计算；

储层压裂之后流体注入停止、注入压力弥散即孔隙压力恢复至初始值附近。

模型中计算 F_β-势函数时所用的应力场为初始应力场在经过了上述两个过程之后得到的扰动后的应力场。

由于天然裂隙对压裂具有显著影响，在扰动后的油田区块进行井眼轨迹优化就不能再把天然裂隙当成各向同性来处理，而是采用按照施工顺序模拟压裂和卸压，然后使用得到的损伤场作为初始值来进行相关的应力分布和势函数计算。

根据天然裂隙主方向与最大水平主应力方向的夹角大小，这个时候的计算分两种情况。其中一种情况是：（1）最大水平主应力方向与天然裂隙方向有夹角 $\alpha_{sf}>0$；（2）$\alpha_{sf}=0$ 两种情况。下面分别进行计算：

（1）当最大水平主应力方向与天然裂隙方向有夹角 $\alpha_{sf}>0$

当最大水平主应力方向与天然裂隙方向有夹角 $\alpha_{sf}>0$ 时，裂纹扩展有两个互相竞争的机理：一个是沿最大水平主应力方向扩展，另一个是沿天然裂隙主方向即渗透系数最大的方向扩展。到底哪个机理占主导地位取决于包括地应力水平和渗透系数、注入压力等各个因素的组合。

这里的模型不同于前面第三小节的模型。为了能够清楚地说明问题，仅采用了一个没有内部构造的均匀应力场来进行压裂、孔隙压力卸载恢复至初始值附近，之后进行 F_β-势函数计算及优选井眼轨迹的计算。

忽略细节描述，图 15.9 给出的模型显示，模型中材料的渗透系数的主方向即天然裂隙的主方向为北东 $45°$。而最大水平主应力方向为沿 x-轴方向。模型长宽各为 200m、厚 25m。其中储层厚 20m，上部 5m 厚为盖层。

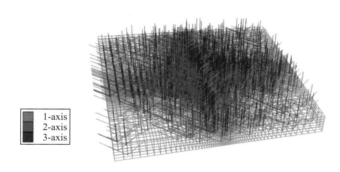

图 15.9 模型网格及渗透率主方向

在初始没有扰动的状态下，各处应力相同，但各个方向上的应力值不同。因此 F_β-势函数值的分布均匀，各方向没有差别。

模型的初始地应力值为：

$$S_v = -36.368\text{MPa}, \quad S_h = -28.59\text{MPa}, \quad S_H = -31.66\text{MPa}. \tag{15.5}$$

孔隙压力、孔隙比及有效应力值为：

$$S_v = -15.7\text{MPa}, \quad S_h = -7.93\text{MPa}, \quad S_H = -11\text{PMa}, \quad P_p = 20.66\text{MPa}, \quad VR = 0.15. \tag{15.6}$$

为了显示压裂造成的裂纹扩展结果，定义了以下的损伤强度因子：

$$\bar{\omega} = \sqrt{\omega_1^2 + \omega_2^2 + \omega_3^2} \tag{15.7}$$

压裂时的压裂液注入流量随时间的变化如图 15.10 所示。

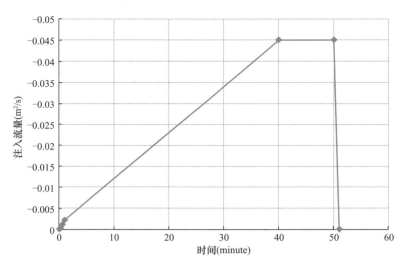

图 15.10　压裂时的压裂液注入流量随时间的变化

图 15.11～图 15.14 给出了压裂加载过程中 F_β-势函数变化的情况。如图 15.11 所示，时间点 $t=17.53$ 分钟，中心部位孔隙压力较大的部位 F_β-势函数的值也较大，且分布呈矩形，长边位于北东 45°方向。

图 15.12 给出了时间点 $t=26.64$ 时的 F-势函数分布，其前沿部分有指状凸出。

图 15.13 给出了 $t=26.64$ 分钟时的孔隙压力分布。

图 15.14 给出了时间点 $t=120$ 分钟、压裂注入压力已经卸载、孔隙压力恢复初始值 20.66MPa 时的 Mises 等效应力分布图。这个时候的应力场即为扰动后的应力场。

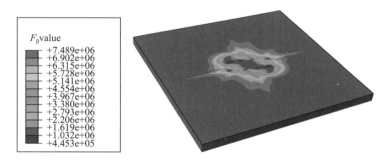

图 15.11　压裂加载过程中 F_β-势函数（Pa）变化的情况（$t=17.53$min）

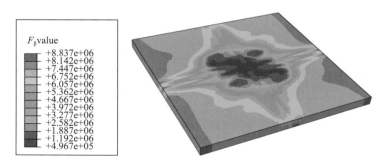

图 15.12　压裂加载过程中 F_β-势函数（Pa）变化的情况（$t=26.64$min）

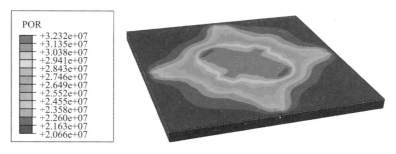

图 15.13　压裂加载过程中孔隙压力（Pa）的情况（$t=26.64$min）

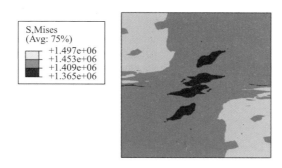

图 15.14　扰动后的应力场：Mises 等效应力分布图（Pa）

图 15.15 是 $\alpha_{sf}>0$ 时得到的损伤变量强度因子的分布图。由于损伤场的存在和影响，F_β-势函数及相应的计算较为复杂。图 15.16 给出了 CSF 临界应力状态裂纹的 F_β-势函数分布。图 15.16 给出了建议的优选的井眼轨迹 AB 和 CD。

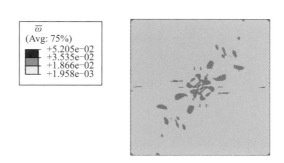

图 15.15　损伤变量强度因子的分布图（$\alpha_{sf}>0$）

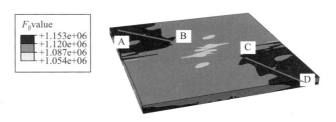

图 15.16　临界应力状态裂纹的 F_β-势函数分布及建议的优选的井眼轨迹（$\alpha_{sf}>0$）

（2）当最大水平主应力方向与天然裂隙方向相同，$\alpha_{sf}=0$

省略压裂的模拟，现在来看 $\alpha_{sf}=0$ 情况下的扰动应力场和 F_{β}-势函数的分布以及最佳井眼轨迹的选择。

图 15.17 给出了 $\alpha_{sf}=0$ 情况下压裂扰动的应力场的 Mises 等效应力分布。从图中看出，扰动后的应力场与初始均匀应力场相比有明显差别。图 15.18 给出了压裂引起的损伤变量强度因子的分布云图。可以看出，损伤变量场由较明显的局部化现象。图 15.19 给出了 F_{β}-势函数的分布。同时给出了优选的井孔轨迹，分别为 AB 和 CD 曲线。

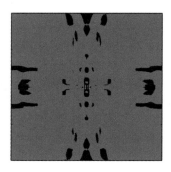

图 15.17　$\alpha_{sf}=0$ 情况下压裂扰动的应力场的 Mises 等效应力分布（Pa）

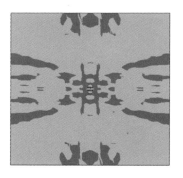

图 15.18　压裂引起的损伤变量强度因子的分布云图（$\alpha_{sf}=0$）

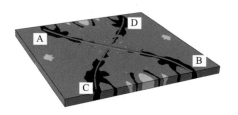

图 15.19　F_{β}-势函数的分布及优选的井孔轨迹（$\alpha_{sf}=0$/Pa）

比较图 15.16 和图 15.19 得出：①当天然裂隙主方向与最大水平主应力夹角 $\alpha_{sf}=45°$，F_{β}-势函数的分布云图没有明显优势的区域，其值比较分散。这一点值得深入研究。②当 $\alpha_{sf}=0$ 时，F_{β}-势函数的分布云图有明显优势的区域，比较容易得到优化的井眼轨迹。

15.5　结论

本章提出了井眼轨迹优化优选原理和数值计算流程。这样得到的优化优选轨迹有利于使水力压裂施工取得可能的最佳效果。

式（15.3）给出的 F_β-势函数将在致密储层的所在区域的每一个应力点上进行计算。数值应用例子显示本章提出的优选方案原理清晰、数值计算简单，是可行的、有效的。

对于在老油田扰动应力场的基础上优选井眼轨迹，本章给出了两种情况，分别是 $\alpha_{sf}=45°$ 和 $\alpha_{sf}=0$ 的情况。数值结果显示：

当 $\alpha_{sf}=45°$ 时，F_β-势函数的分布没有明显优势的区域，因此比较难以选出理想的井眼轨迹；对于 $\alpha_{sf}=0$ 的情况，F_β-势函数的分布具有优势的区域比较明显，比较容易选出理想的井眼轨迹。

需要说明的是，有时候地理条件和其他因素对优选井眼轨迹有影响。尤其对于老油田中插入井的井眼轨迹优选，因为需要在经过扰动的地应力场中进行计算，则地理条件和其他因素对优选井眼轨迹的影响更大。此外，地层孔隙压力降引起的地层沉降压实等因素也应该考虑进来。

第 16 章　岩体隧道施工超前地质预报理论

16.1　引言

21 世纪是人类将地下空间作为资源开发的世纪，也是我国向西部大开发的世纪。我国是多山的国家，三分之二的国土面积由不同类型的山脉、高原组成。铁路和公路交通工程、水电工程、南水北调工程、各种矿山工程以及军工防护工程等的大发展，都离不开大量山岭隧道的修建，特别是长大隧道的修建。可以看到，21 世纪将是我国隧道修建史上一个大发展时期。

隧道通常是指用做地下通道的工程建筑物。按其围岩特征一般可分为两大类：一类是修建在岩层中的隧道，称为岩石隧道，由于岩石隧道修建在山体中的较多，故又称为山岭隧道；另一类是修建在土层或类土层中的隧道，称为软土隧道，由于软土隧道常常修建在水底或城市立交处，故又称为水底隧道或城市道路隧道。铁路、公路隧道由于沿纵向地质条件的复杂性和多变性，使得隧道既含有岩石隧道的特征又含有软土隧道的特征。由于隧道都处于地下各种复杂的水文地质、工程地质岩体中，所以"安全、优质、快速、不留后患"地修建隧道的前提是要摸清和预知周围的水文地质和工程地质条件。伴随大量山岭隧道的修建，隧道施工地质工作作为隧道施工必不可少的工序，必将得到广泛的普及。作为一名隧道和其他地下工程的工作者，必须掌握地质学这门科学[78]。

隧道施工地质工作是在设计提交之后、在隧道施工阶段、伴随建设的全过程而进行的地质工作。

然而，目前就隧道施工地质工作而言，在国外，一般性的工作已普遍开展，学术研究也有了一定深度，但至今尚未达到全面、系统地开展施工地质工作与学术研究的水平。在国内，一般性的工作只在少数隧道中进行，基本还处于起步阶段，学术研究也只见零散报道，尚不够深入。只有做好隧道施工地质工作，才能克服隧道开挖与施工过程中的盲目性。

超前地质预报作为隧道施工地质工作的主要环节，其重要性不言而喻。随着修建隧道的数量越来越多，规模越来越大，如何实施"高质量、高精度"的超前地质预报工作是当前摆在我们面前亟待解决的重要问题。王梦恕院士指出：快速施工将是我国 21 世纪隧道修建的主攻方向。消除施工中的地质灾害是快速施工的主要措施，而要消除施工中的地质灾害，做好超前地质预报工作是最有效的手段[79]。对超前地质预报理论、方法和技术的研究，国外起步较早，但仍未实现系统性、理论性的突破，为了赶超世界先进水平，我们有责任在此领域开展深入的探索研究，争取为我国交通建设事业的发展做出贡献。

本章以系统开展隧道施工超前地质预报基础理论与方法的研究为目的，探索构建超前地质预报理论框架的模式，并在此基础上开展超前预报方法的研究，以期为我国隧道施工技术的发展积累经验、提供借鉴依据。

16.2　隧道超前地质预报概念及其技术方案

隧道超前地质预报包括广义隧道超前地质预报和狭义隧道超前地质预报。

广义隧道超前地质预报是隧道施工中洞体内外地质灾害超前预报的总称，包括隧道所在地区不良地质宏观预报、隧道洞体内不良地质体超前预报（此即狭义隧道超前地质预报）和隧道洞体内地质灾害临近警报三部分内容或三道工序。

隧道所在地区不良地质宏观预报是隧道施工地质灾害超前预报工作的前提和基础，是第一道工序。这是因为，在隧道所在地区地质条件分析的基础上进行的隧道不良地质宏观预测预报，可以了解隧道施工可能遇到的不良地质类型、规模、大约发生的部位和方向，可以了解这些不良地质诱发施工地质灾害的可能性和发生施工地质灾害的类型、强度以及对隧道施工的影响。所以，只有在隧道不良地质宏观预报的原则指导下，才能更准确、更有效地进行隧道洞体内不良地质体超前预报与施工地质灾害超前预报工作，前者是后两者的工作基础。

隧道所在地区不良地质宏观预报的依据是隧道地质条件分析。这是因为，隧道大多数不良地质体本身就是隧道所在地区地层、地质构造或岩溶地质体的一部分，如褶皱核部、断层破碎带、陡倾岩层和层间滑动断层是地质构造的一部分；溶洞、暗河、岩溶淤泥带是岩溶地质体的一部分，能否与隧道相遇，则与隧道所在地区的侵蚀基准面密切相关；高压高浓度瓦斯煤层和煤矿老窑、采空区是煤系地层的一部分等等。

隧道地质条件分析的前提是：在设计院提交的隧道设计说明书和设计图纸的基础上，隧道施工地质技术人员对隧道所在地区的地层（特别是煤系地层）、地质构造、岩溶、水文情况等，再次进行深入、详细的地面地质复查或调查工作。由于设计阶段要求的精度所限，设计院提交的隧道设计说明书和设计图中，对隧道主要不良地质和施工地质灾害只能概略描述，对于隧道不良地质分析与宏观预报所需要的隧道地质条件分析工作来说，所提交的资料在研究深度上还远远不够，在精度上也有一定的距离。

隧道洞体内不良地质体超前预报，即狭义隧道超前地质预报，是广义隧道超前地质预报的第二道工序。按照预报距离的远近，我们可以把狭义隧道超前地质预报划分为长期（长距离，下同）超前地质预报和短期（短距离，下同）超前地质预报两种技术方案。

长期超前地质预报是在隧道所在地区不良地质分析和宏观预报的基础上进行的。它的主要任务是较准确地预报掌子面前方 100m 或更远距离范围内的主要不良地质体的性质、位置和规模，粗略地预报围岩的级别和地下水的情况。采用不同的预报方法和技术手段，其预报的距离、精度和效果不相同。

短期超前地质预报是在长期超前地质预报的基础上进一步开展的预报工作，所以，短期超前地质预报的主要任务是在掌子面前方 15～30m 范围内更准确地预报可能出现的岩层以及邻近的不良地质体的性质、地下水体的可能性质、掌子面及其附近实见的不良地质体向掌子面前方延伸的情况和围岩的级别等。同样，采用不同的预报方法和技术手段，其预报的距离、精度和效果不相同[79]。

隧道洞体内地质灾害临近警报，是隧道施工中地质灾害临近时的监测与判断技术，是广义隧道超前地质预报的核心任务，也是隧道施工地质工作的落脚点。因此，所有的其他隧道施工地质工作，包括隧道所在地区不良地质宏观预报，长短期超前地质预报，围岩稳定性评价等工作，归根结底都是为这道工序服务的，都是围绕这道工序而进行的，它在隧道施工地质工作中占有突出重要的地位[80]。

隧道超前地质预报遵循的原则是：范围由大到小、由洞外到洞内，预报距离由远到近。长短期超前地质预报、施工地质灾害临近警报相结合称为综合超前地质预报。

大量的施工实践证明，只有地质方法与物理方法相结合、洞内洞外相结合、长短期预报相结合，实施综合预报，才能达到较准确的预报精度。

16.3 隧道所在地区不良地质宏观预报

宏观预报所采用的主要方法为地质调查法和地质分析法[82]。

隧道不良地质体宏观预报的依据是隧道地质条件分析，而隧道地质条件分析的前提是隧道地面地质复查与调查，所以，隧道地面地质复查与调查是隧道不良地质宏观预报的基础工作。

只有高质量地完成隧道地面地质复查与调查工作，才能为隧道地质条件分析提交丰富、准确的地质资料。它需要坚实的野外地质工作的基本功，也需要丰富的地质填图工作经验。

全面的隧道地面地质复查与调查工作，主要包括地层地质调查（特别是煤系地层地质调查）、地质构造调查（特别是断层调查，还包括节理、褶皱、地层不整合面、侵入岩接触带等）、岩浆岩调查、岩溶地质调查（包括岩溶洞穴、管道和各种岩溶塌陷）和水文地质调查等等。

16.4 地质条件分析

基于地质力学理论，在详细的地面地质复查与调查的基础上，进行隧道所在地区地质条件分析是隧道超前地质预报的前提[6]。

地质条件分析包括：地质构造分析、岩溶地质分析、煤系地层与瓦斯地质分析等。而地质构造分析则主要包括：构造特征研究、构造体系与构造序列研究、成生机制研究3部分内容。

16.5 隧道不良地质宏观预报

隧道不良地质宏观预报是在隧道所在地区开展详细的地面地质复查或调查的基础上进

行的。地面地质复查或调查工作不但为宏观预报提供了基础，而且为后续开展具体的隧道洞体内超前地质预报和施工地质灾害预报工作提供了理论指导原则。

以地面地质复查或调查为基础，基于地质力学理论，进行深入的地质条件分析，从而做出隧道不良地质宏观预报。

16.6　隧道洞体内不良地质体超前预报

隧道洞体内不良地质体超前预报（狭义隧道超前地质预报，简称隧道洞体内超前地质预报，下同）是广义隧道超前地质预报的第二道工序。

在各类隧道设计中，由于收集资料的技术手段和勘察设计精度的限制，再加上地质体本身的复杂性，设计院提交的隧道设计图常常遗漏只有在隧道隧洞掘进过程中才能发现的不良地质体，所提供的资料往往不能满足施工的要求。因此，在实际隧道施工过程中，对于掌子面前方地质状况究竟如何，是好是坏，设计提出的支护强度够不够，会不会出现塌方、突泥突水等施工地质灾害，施工人员心中无底，这就给我们提出了一个非常严肃的课题：在隧道不良地质宏观分析的基础上，必须再次进行具体的隧道洞体内超前地质预报。

目前，对于隧道洞体内超前地质预报，不论是国内还是国外，虽然都在施工实践中做了大量的实际工作，但在科学研究方面，仍处于分散、零星的原始资料或成果的"堆砌"状态，既没有上升到一定的理论研究高度，更缺少深入、系统的研究成果。

16.6.1　隧道长期超前地质预报技术方案

目前，国内外大多长期超前地质预报所采用的方法和技术手段是 TSP（Tunnel Seismic Prediction，隧道地震波勘探，下同）等仪器探测，尚未看到应用其他技术手段的报道。本书在多年科研和实践的基础上，提出了断层参数预测法和地面地质体投射预报法两种长期超前地质预报方法。在预报实践中，需要两种或两种以上方法和手段综合运用，以达到取长补短、相互验证，提高预报效果的目的。

长期超前地质预报是在隧道所在地区宏观预报的基础上进行的。它的主要任务是较准确地预报掌子面前方 100m 或更远距离范围内的主要不良地质体的性质、位置和规模，粗略地预报围岩的级别和地下水的情况。采用不同的预报方法和技术手段，预报的距离、精度和效果也不同。若至少采用前述的两种或两种以上的方法和技术手段，实施综合长期超前地质预报，应当达到的一般技术指标如下：对于预报的距离，一般可以达到掌子面前方 150~200m；预报断层破碎带等大多数不良地质体的性质，可以达到基本准确；预报不良地质体的位置，精度可以达到 90％以上；预报不良地质体的规模，精度可达 85％以上；可以预报富水带的存在，但不能预报地下水体的性质；可以预报围岩相对好坏，但不能准确预报围岩级别。

如前所述，长期超前地质预报必须在隧道所在地区宏观预报的基础上进行，并且要在隧道开挖和掘进的过程中连续进行，贯穿隧道施工的全过程。当然，对于不同区段，依据地质条件复杂程度，可采用其中的一种预报方法和技术手段，也可以采用两种甚至两种以上方法和技术手段，实施综合预报，预报效果以后者为佳。

16.6.2 长期超前地质预报方法

（1）断层参数预测法

断层是隧道施工过程中最常见的不良地质体，断层破碎带是隧道围岩最不稳定的区段。断层及其破碎带又是溶岩发育地区溶洞水、地下暗河和淤泥带的最主要储存场所，封闭条件好的断层及其破碎带与节理带，同时也是煤系地层中高压、过量瓦斯的主要聚集地带，所以，断层及其破碎带是隧道施工中隐藏地质灾害的最主要区段。

隧道掌子面前方隐伏断层及破碎带规模的准确定位和评价，是隧道超前地质预报的主要内容[85]。

（2）地面地质体投射预报法

要把地面地质调查的成果进一步转化为隧道洞体不良地质体超前预报的方法和技术手段，就要把地面实见的地质介面或地质体准确地投射到隧道的剖面上，确定出其在隧道上的位置和规模，以达到预报的目的。为此，建立以下地质界面和地质体投射公式。

投射公式：

$$l = L - \frac{h}{\tan\beta'} \tag{16.1}$$

式中　l——等厚倾斜地质体在隧道剖面上的水平距；

　　　L——等厚倾斜地质体两个地表界线的水平距；

　　　h——等厚倾斜地质体两个地表界线之间的高程差；

　　　β'——等厚倾斜地质体的视倾角。

（3）TSP 探测解译法

TSP（Tunnel Seismic Prediction，隧道地震波勘探）设备是由瑞士 Amberg 测量技术公司开发、生产的，是当前国内外最先进的隧道长期超前地质预报设备，也是当前超前地质预报技术中的最重要手段。与其他超前地质预报的设备相比，其最大优点是：探测距离远（可达隧道掌子面前方 300~500m），分辨率高（最高分辨率为 1m），抗干扰能力强（基本不受干扰），对施工影响小（钻孔和测试在侧壁进行，洞内探测时间仅需 45min 左右）。

16.7 短期超前地质预报

16.7.1 隧道短期超前地质预报技术方案

目前，国内外大多数也是只采用地质雷达、红外线[91]和声波探测仪等仪器探测一种手段。国内也有应用掌子面编录预测法和超前探孔进行短期超前地质预报。本文建立了隧道洞体内不良地质体前兆预测法，并对掌子面编录预测法进行了深入研究。同样，在预报实践中，要两种或两种以上方法和手段综合运用，以达到相互验证、取长补短、提高预报效果的目的，特别是在应用地质雷达等物探手段进行短期预报时，就更应当至少与其他另一种短期的地质分析方法相结合。因为物探成果往往存在着多解性和局限性，只有多手段结合，才能变物探成果的多解性为单解性。

短期超前预报是在长期超前预报的基础上进一步开展的预报工作，所以，短期超前地质预报的主要任务是在掌子面前方 15～20m、最多 30m 范围内更准确地预报如下情况：可能出现的岩层、已经邻近的不良地质体的性质、地下水体的可能性质、掌子面及其附近实见的不良地质体向掌子面前方延伸情况、围岩级别。采用不同的预报方法和技术手段，预报的距离、精度和效果不同。若至少采用前述的两种或两种以上的方法和技术手段，实施综合短期超前地质预报，应当达到的一般技术指标为：

预报距离，可达掌子面前方 20m；预报断层破碎带等大多数不良地质体的性质，可达完全正确；预报不良地质体的位置，精度可达 95％以上；预报不良地质体的规模，精度可达 90％以上；既可以预报富水带的存在，又能预报地下水体的性质；既可预报围岩相对好坏，又能较准确地预报围岩级别。

短期超前地质预报，主要是在长期超前地质预报的基础上，选择隧道开挖和掘进过程中地质条件复杂的区段进行。

16.7.2 短期超前地质预报方法

（1）隧道洞体内不良地质体前兆预测法

隧道洞体内不良地质体前兆预测法是本文建立的短期超前地质预报方法，它是通过各类不良地质体的前兆，在短距离内来判断其性质，主要是用来解决长期超前地质预报中对不良地质体性质没有达到较准确判断的问题。

1）隧道洞体内不良地质体前兆特征研究

断层破碎带前兆：

① 节理组数急剧增多。一般临近断层破碎带时，节理组数可达到 6～12 组；

② 临近断层破碎带时，常常出现岩层的牵引褶曲或牵引褶皱；

③ 临近断层破碎带时，有时会出现由弧形节理形成的小型旋钮构造或反倾节理、小断层；

④ 临近断层破碎带时，一般会出现岩石强度明显降低带；

⑤ 临近断层破碎带时，逆断层会出现压裂岩，平移断层会出现密集节理带。

岩溶陷落柱前兆：

① 岩溶陷落柱两侧岩层有内倾现象，有时影响范围可达 15～20m；

② 岩溶陷落柱两侧岩层有时会出现内倾节理或小断层；

③ 水型岩溶陷落柱旁侧的岩层常常被湿化；

④ 岩溶陷落柱旁侧的岩层常常出现疏松或光泽变暗现象。

规模较大的溶洞前兆：

① 较大溶洞的旁侧常常出现一系列的小溶洞；

② 较大溶洞的旁侧常常出现较多的铁锈染或夹泥裂隙；

③ 钻孔或超前钻孔中，常常出现涌泥或喷出大量泥水混合物（位于溶洞底部），也可能以清水为主（位于溶洞上部），但均有较大压力。

暗河的前兆：

① 大量铁锈染裂隙和小溶洞，且很多小溶洞中含有河沙；

② 钻孔或超前钻孔中，涌水量剧增，大多数有很大的压力（只有隧道与暗河的水平河道相遇时才例外）且常常夹有很多河沙和小卵石；

③ 钻孔或超前钻孔中，涌出的水相对较清，稍显浑浊。

岩溶淤泥带前兆：

① 大量铁锈染裂隙、夹泥裂隙或小溶洞，小溶洞常常涌出清水；

② 以突泥为主的稠性岩溶淤泥带，在钻孔或超前钻孔时，会突然感觉压力减小，并出现沿钻孔涌泥或钻头带泥现象；以突水为主的稀性岩溶淤泥带，在钻孔或超前钻孔中，则常有夹带大量泥沙、小石块并有很大压力的泥水混合物喷出，这些泥水混合物喷出后，常常在掌子面后方形成 5～10cm 高的堆积物，钻孔中喷出的水始终很浑浊，类似黄河水。

断层富水带前兆：

① 具有断层破碎带的一系列前兆；

② 在泥岩、页岩中掘进的隧道，当临近断层富水带时，常有湿化现象；

③ 钻孔或超前钻孔中，有大量的、具有较大压力的清水涌出。

2）不良地质体的判断方法和步骤

在长期超前地质预报对某一不良地质体较准确地定位和粗略地定性的基础上，通过对不良地质前兆的仔细观察与描述，再结合该不良地质体形成的地层、构造等地质条件的分析，即可较准确地判断掌子面前方临近的不良地质体的性质。

（2）掌子面编录预测法

掌子面编录预测法是通过对掌子面已揭露地质体（岩层、不良地质等）进行观测与编录，将实见地质体向掌子面前方进行有依据地推断，因此又称为地质素描预测法。掌子面编录预测法分为岩层岩性及层位预测法、条带状不良地质体影响隧道长度预测法、不规则不良地质体影响隧道长度预测法。

（3）地质雷达探测法

这是短期预报常规的物探方法，是一种用于确定地下介质分布状态的广谱电磁技术，是高分辨率的探测方法。它主要用于探测含水的不良地质体。地质雷达（GPR）方法是通过发射天线，以脉冲的形式定向向地下发射高频电磁波（1MHz～1GHz），以达到探测的目的。电磁波在地下介质中传播，当遇到存在电性差异介质的界面时，电磁波便发生反射，采集到的数据经过处理后，可以获得时间或深度剖面，分析接收到的地下界面反射回来的电磁波的时间、频率和振幅等特征，就可以推断地下介质的空间位置、结构性质及几何形态，从而达到对地层或地下目标体探测的目的[92]。

（4）超前钻探

超前钻探是超前地质预报技术体系的主要组成部分，占有重要的地位，特别是在岩溶隧道的超前地质预报中更具有突出的作用。

超前钻探一般是在隧道洞体内长期、短期超前地质预报的基础上进行，并侧重那些长短期超前地质预报已经基本认定的主要不良地质区段内进行。除非在特殊情况下，一般不宜在全隧道内连续进行。

总体上来说，超前钻探分为长距离（≥80m）、中距离（40～60m）和短距离（15～30m）三种形式，分取芯和不取芯两种类型。

超前钻探的布孔数量，视不良地质的性质和可能发生施工地质灾害的严重程度来决定。对于较大的断层破碎带，布置 1 孔至多 2~3 孔即可达到目的；对于溶洞、暗河或岩溶淤泥带等可能发生突水突泥的区段，则以布置 5 孔为宜。布孔的位置，则主要依据长短期超前地质预报的结论来确定。

超前钻探可对隧道洞体内长短期超前地质预报进行验证，也可为施工地质灾害临近警报提供信息。

16.8　隧道洞体内地质灾害临近警报

隧道洞体内地质灾害临近警报技术，即隧道洞体内地质灾害临近时的监测与判断技术，是广义隧道超前地质预报的核心任务，也是其第三道工序。它是在隧道掘进过程中，当长短期超前地质预报的不良地质体临近时，对工作面前方是否会发生地质灾害所做出的判断和对不良地质体临近时所做的进一步确认，进而及时提出施工改进方案和加固措施[93-95]，避免地质灾害发生。所以，可以这样说，所有的其他隧道施工地质工作，包括隧道所在地区不良地质宏观预报，长短期超前预报，围岩稳定性评价等等，归根结底都是为它服务并围绕它而进行的，它在隧道施工地质工作中占有突出重要的地位。隧道洞体内地质灾害临近警报是在长短期超前地质预报的基础上开展的，主要是通过对不良地质体临近时的监测与判断方法来进行。

隧道施工中的重大地质灾害有塌方、突水突泥、瓦斯爆炸、煤与瓦斯突出、岩爆等。一般的、经常性的小型施工地质灾害，如片邦、掉块等。

16.9　断层破碎带塌方监测与判断

16.9.1　断层破碎带的准确定性

对断层破碎带准确定性所采用的主要技术手段是在短期超前预报，特别是在断层前兆预测法的基础上，对隧道掌子面刚刚揭露的断层破碎带予以准确判断。

隧道内断层及断层破碎带的识别与辨认，同地面地质调查或复查技术中对断层的识别相类似，主要依据识别断层的标志，即除地貌标志以外，地面地质调查中识别断层的地层标志、岩石标志、构造标志和矿物标志等均适用于隧道内断层破碎带的识别，甚至表现得比地面还要清晰、明显，易于观测。

16.9.2　发生塌方可能性的判断

断层破碎带塌方的判断，主要包括断层破碎带塌方影响因素的正确分析、断层破碎带围岩级别的准确鉴定和塌方发生前兆的及早发现。

（1）影响断层破碎带塌方的地质因素分析

影响断层破碎带塌方的地质因素主要有：断层上下盘岩性和岩石力学性质、断层的力学性质、断层复合与复合特征、断层破碎带厚度、断层破碎带物质组成和固结程度、断层破碎带的围岩结构、断层破碎带的产状及其与隧道的空间关系、地下水和地应力影响共8个方面。

（2）断层破碎带围岩级别的鉴定

1）以压性逆断层为主或以张性正断层为主的断层破碎带宽度（厚度）大于5m、涉及的隧道长度大于10m的区段，在有地下水明显参与的条件下，为Ⅴ级围岩（特别是软岩断层破碎带和软硬岩组合形成的断层破碎带所涉及的区段更是如此）；以压性逆断层为主或以张性正断层为主的断层破碎带宽度（厚度）大于10m、涉及的隧道长度大于20m的区段，即使没有地下水的明显参与，亦为Ⅴ级围岩。

2）以平移断层为主的断层破碎带（宽厚度和涉及隧道隧洞长度不限），以压性逆断层为主或以张性正断层为主的断层破碎带宽度（厚度）小于5m、涉及的隧道长度小于10m的区段，在有地下水参与的条件下，围岩可定为Ⅳ级；若无地下水参与，或破碎带宽厚度小于3m、涉及隧道长度小于5m的硬岩区段，围岩级别可定为Ⅲ级。

3）特殊断层破碎带涉及的区段可定为Ⅵ级：

① 硬岩断层破碎带

以张滑正断层为主或以压冲逆断层为主的断层，两条或两条以上断层的交汇处，断层破碎带规模宏大、宽度（厚度）大于50m、涉及隧道长度大于100m，破碎带围岩结构多为泥砂角砾状松软结构，且有地下水明显参与，其围岩可定为Ⅵ级；

② 软岩断层破碎带或软硬岩组合形成的断层破碎带

以张滑正断层为主或以压冲逆断层为主的断层，两条或两条以上断层的交汇处，断层破碎带规模宏大、宽度（厚度）大于30m、涉及隧道长度大于50m，破碎带围岩结构多为泥砂角砾状松软结构，且有地下水明显参与，其围岩可定为Ⅵ级。

16.9.3 及早发现塌方发生前兆

大规模塌方的临近前兆主要有：

（1）顶板岩石开裂，裂缝旁有岩粉喷出或洞内无故尘土飞扬；

（2）支撑拱架变形或发出声响；

（3）拱顶岩石掉块或裂缝逐渐扩大；

（4）干燥围岩突然涌水等。

发现上述征兆，应立即采取紧急处理措施。

16.10 岩溶陷落柱塌方监测与判断

16.10.1 岩溶陷落柱的定性

隧道隧洞中岩溶陷落柱的识别：

（1）岩溶陷落柱的总体形态多为上细下粗的圆锥体，少数为上下等粗或上粗下细的圆柱体；

（2）高度有限，少数也有塌至地表的；

（3）物质组成是由上覆岩层的碎块组成；

（4）岩块棱角显著，形状不规则，杂乱无章，大小混杂。容易与正断层破碎带的断层角砾岩相混，但成分比断层复杂；

（5）大多干燥无水，个别陷落柱在边缘可见淋水或小股涌水；

（6）与围岩接触面参差不齐，但界线明显，周围岩层产状正常，并且陷落柱两侧围岩层位一致，无错动；

（7）陷落柱轴线多与层面垂直，如岩层倾斜，陷落柱也对应倾斜。

16.10.2　岩溶陷落柱塌方可能性判断

（1）影响陷落柱塌方的地质因素分析

①陷落柱规模越大，越易塌方；②陷落柱多为干型，少数有湿型，后者易塌方；③陷落柱中，泥质越多，越易塌方；④沿陷落柱边缘，有时淋水或有涌水现象，当有地下水参与时，易塌方。

（2）陷落柱涉及区段围岩级别鉴定

① 规模大于隧道隧洞断面三分之一的湿性岩溶陷落柱围岩多为 Ⅴ 级，少数为 Ⅳ 级；

② 规模小于隧道断面三分之一、干型陷落柱围岩多为 Ⅲ 级～Ⅳ 级。

（3）岩溶陷落柱塌方前兆的及早发现

岩溶陷落柱塌方的前兆与断层破碎带塌方前兆相同，关键在于及早发现并及时采取紧急处理措施。

16.11　突泥突水监测与判断

隧道突水的监测主要是查明地下水源体（溶洞、暗河、稀性岩溶淤泥带、老窑、老腔和大型断层破碎带）的性质，判断突泥突水的可能性。

16.11.1　临近水源体的前兆

（1）临近断层水源体前兆

①各种临近断层的前兆；②下盘泥岩、页岩等隔水岩层明显湿化、软化或出现淋水现象；③其他水流痕迹的出现。

（2）临近大型溶洞水体前兆

①较多的铁锈染或夹泥的裂隙出现；②小溶洞出现的频率增加。

（3）临近暗河前兆

①出现大量铁锈染裂隙或小溶洞；②大量出现的小溶洞含有河沙；③钻孔中的涌水量剧增且夹有泥砂或小卵石。

（4）临近稀性岩溶淤泥带的前兆

①陡立灰岩岩层的层间滑动断层频频出现；②沿层间滑动断层发育的小溶洞频频出现；③钻孔中的涌水量剧增且以夹有大量地表土壤、碎石等浑浊泥浆或浑水为主；④在掌子面前方常常堆积成大量的泥沙、碎石。

（5）临近老窑积水的前兆（老崆积水与其相似）

①煤壁或顶板渗出水珠或出现煤层发潮松软；②顶板淋水或底板涌水；③煤层中出现暗红色水锈或渗水中挂红；④掌子面空气变冷或发生雾气；⑤有嘶嘶的水声。

16.11.2 突泥突水发生可能性判断

（1）炮眼水喷射距预报法原理

工作面前方水源的潜在涌水量与爆破前工作面上炮眼流量密切相关，炮眼水的流量又与流速密切相关。炮眼水的流速与炮眼水的喷射距离存在一定的比例关系，可用公式表示为：

$$S = v\sqrt{\frac{2y}{g}}$$

式中　S——炮眼水的水平喷射距；

v——炮眼水的流速（射速）；

y——炮眼距隧道底面的距离；

g——重力加速度。

炮眼水的水平喷射距和炮眼水的流速（射速）可以测得，这样，我们就可以根据炮眼水的喷射距间接地预报工作面开挖以后的涌水量。

（2）工作方法和步骤

①堵死其余所有的炮眼，只留一个喷射距最远的炮眼；②量测水平喷射距；③利用以上公式换算成 $y=1m$ 条件下的水平喷射距；④预报开挖后的涌水量（涌水级别）。一般情况下，可以用喷射距预测涌水级别：

a. 喷距 $S<5m$，相当于涌水量小于 $100m^3/h$，为小、中、大股涌水级。在探放水后，可以放心掘进；

b. 喷距 $S=5\sim9m$，相当于涌水量为 $100\sim300m^3/h$，为小型突水级。在探放水之后，可以放小炮，试探着掘进；

c. 喷距 $S=9\sim12m$，相当于涌水量为 $300\sim400m^3/h$，为中型突水。应停止施工，待查明情况后，再试探着掘进；

d. 喷距 $S>12m$，相当于涌水量大于 $400m^3/h$，为大型突水级。应立刻停止施工，从速查明情况，尽快采取应急处理措施。

16.12　煤与瓦斯突出监测与判断

煤与瓦斯突出的监测和判断主要是通过对决定煤与瓦斯突出的主要因素分析和对煤与瓦斯突出发生前的各种前兆的观测与判断来进行。

16.12.1　决定煤与瓦斯突出的主要因素

（1）内因

高地应力、高量高压瓦斯、特殊构造部位和构造煤。

（2）外因

穿层掘进、快速掘进。

16.12.2　煤与瓦斯突出的临近前兆

（1）掌子面岩层发生鼓裂；

（2）瓦斯含量突然增大或忽高忽低；

（3）工作面有移动感；

（4）工作面发出瓦斯强涌出的嘶嘶声，同时带有煤尘；

（5）工作面附近，时常听到沉雷声或闷雷声。

16.13　岩爆监测与判断

16.13.1　岩爆形成的条件

（1）高地应力地区，特别是大小水平地应力比值为 1.5 的地区；

（2）200～700m 埋深的隧道；

（3）坚硬、脆性的岩石，完整性为完整或基本完整但表面参差不齐的岩体，干燥的围岩；

（4）最大主压应力 σ_1 轴向垂直于隧道轴向。

16.13.2　岩爆发生可能性判断

（1）收集隧道所在地区的地应力与地应力场的资料（或进行地应力测量），确定所在地区是否处于高地应力地区；

（2）依据隧道的埋深和隧道轴向与区域地应力场主压应力轴（σ_1）的方位关系，确定发生岩爆的可能性；

（3）依据隧道穿过岩层的岩性，确定脆性围岩的范围，从而判断可能发生岩爆的岩层及其在隧道中的位置；

（4）依据围岩的干燥程度和岩体的完整程度，确定岩爆发生的位置。

16.14　结论

（1）隧道超前地质预报包括广义隧道超前地质预报和狭义隧道超前地质预报。广义隧道超前地质预报是隧道施工中洞体内外地质灾害超前预报的总称；狭义隧道超前地质预报是隧道施工中洞体内不良地质体超前地质预报。

（2）广义隧道超前地质预报的技术方案为：隧道所在地区不良地质宏观预报、隧道洞体内不良地质体超前预报（即狭义隧道超前地质预报）和隧道洞体内地质灾害临近警报三部分内容或三道工序。

（3）隧道所在地区不良地质宏观预报是隧道施工地质灾害超前预报工作的前提和基础，是第一道工序。它主要包括：隧道地面地质复查与调查、地质条件分析、宏观预报。它所采用的主要方法为地质调查法和地质分析法。

（4）隧道洞体内超前地质预报是广义隧道超前地质预报的第二道工序，它分为长期超前地质预报和短期超前地质预报。长期超前地质预报所采用的方法和技术手段是断层参数预测法、地面地质体投射预报法和 TSP 探测解译法；短期超前地质预报所采用的方法和技术手段是隧道洞体内不良地质体前兆预测法、掌子面编录预测法、地质雷达探测法和超前钻探等。

（5）隧道洞体内地质灾害临近警报是广义隧道超前地质预报的核心工作，是第三道工序。它是在隧道掘进过程中，当长短期超前地质预报的不良地质体临近时，对工作面前方是否会发生地质灾害所做出的判断和对不良地质体临近时所做出的进一步确认，进而及时提出施工改进方案和加固措施，避免地质灾害发生。它是通过对不良地质体临近时的监测与判断来进行，主要包括：断层破碎带塌方监测与判断、岩溶陷落柱塌方监测与判断、突泥突水监测与判断、煤与瓦斯突出监测与判断、岩爆监测与判断。

（6）隧道超前地质预报所遵循的原则是：预报范围由大到小、由洞外到洞内、预报距离由远到近。

长短期超前地质预报、施工地质灾害临近警报相结合称为综合超前地质预报。大量的施工实践证明，只有地质方法与物理方法相结合、洞内洞外相结合、长短期预报相结合，实施综合预报，才能达到取长补短、相互验证、提高预报效果的目的。

第17章 结 语

常规与非常规油气本质区别在于是否受圈闭控制、是否连续分布、单井是否有自然工业产量。目前，常规油气面临非常规的问题，非常规需要发展成新的"常规"。随着技术进步，非常规可以向常规转化。常规油气研究的灵魂是成藏，目标是回答圈闭是否有油气。非常规油气研究的灵魂是储层，目标是回答储层有多少油气。勘探领域由常规油气向非常规油气发展，是继单体型构造油气藏转变为集群型岩性地层油气藏，目标从孤立状构造圈闭过渡为集群状岩性地层圈闭之后的又一次重大跨越。找油气的思想从寻找圈闭过渡为寻找无明显圈闭界限的储集体层系，大面积有利储集体成为油气勘探的核心。因此，非常规油气的勘探开发，必须要有非常规思路和技术作为支撑。

非常规油气地质学更加强调从宏观—微观—超微观不同级别尺度，研究非常规油气的形成机理、分布特征、富集规律与产出机制等。初步形成了"千米、米、厘米、毫米、微米、纳米"6个级别尺度的研究方法。从千米—米级宏观尺度，运用遥感沉积学、数字露头学、层序地层学、地震储集层学、测井储集层学等相关学科知识，使用遥感图像解译、地层对比、地球物理预测等技术方法，开展沉积储集层区域演化模式与分布特征、沉积储集体三维空间展布特征等研究。从厘米—微米级微观尺度，运用细粒沉积学、储集层地质学等相关学科知识，使用显微镜、工业CT、微米CT、扫描电镜等实验技术方法，开展细粒沉积物的沉积作用、成岩作用及演化过程等研究。运用纳米技术与材料等学科知识，使用场发射扫描电镜、纳米CT、聚焦离子束（FIB）等，开展纳米级孔喉结构、油气赋存与流动机制等研究，向"油气分子地质学"发展。应用地震、测井、岩心实验分析等技术方法，研究岩性、物性、脆性、含油性、烃源岩特性与应力各向异性"六性"关系，综合评价非常规油气富集"甜点区"与集中段，为水平井设计和规模有效压裂提供依据。

非常规油气大规模开发带来了油气地质认识、勘探开发技术与开采模式的重大变革，突破了传统常规石油地质学中许多认识，主要体现在5个方面：（1）突破了储集层物性限制，致密岩石、烃源岩都可以形成有效储集层。（2）突破了盖层封堵限制，致密储集层本身具有盖层功能，水势能也能封堵。（3）突破了圈闭界限限制，大面积层状储集体可储存油气，圈闭界限不明显。（4）突破了运移动力限制，浮力作用不明显，生烃增压和毛细管压力差也可成为主要动力，通常遵循非达西渗流定律，油气水差异分布不明显。（5）突破了聚集区位限制，非常规油气主要分布在盆地中心、斜坡等负向构造单元。

我国政府职能机构和国家领导人对页岩气研究高度重视。页岩气理论研究作为国内新的研究领域，基础薄弱，加强对页岩气的系统研究十分必要。中国的页岩和页岩气的地质条件与美国的地质条件具有一定的相似性，同时又具有明显的地质特殊性。针对中国不同地区和不同地质背景进行页岩和页岩气的研究，不仅可以补充完善中国的非常规天然气地质和勘探理论，形成符合中国地质特点的页岩气富集理论，而且有望解决目前严重制约中国页岩气工业发展的重大基础理论难题，获得一批具有战略意义的基础理论性科学成果，获得规模性的页岩气勘探突破。页岩气常与其他沉积矿产和低温层控矿产共生或伴生，常与地质过程、地质事件有关，也常与页岩地层中的施工工程、地质灾害等事件有关，加强页岩和页岩气的系统化理论研究有望系统、合理、全面地解决中国页岩和页岩气的相关问题。页岩气研究不仅有利于缓解中国的油气能源供需矛盾，而且有利于地质灾害防治、道路工程施工、矿山安全生产、绿色生态系统保障，有利于在地质理论系统研究的基础上深化对地球古生态、古环境、古气候进行全面的理解和认识。与美国等发达国家不同，中国人口众多，资源不足，页岩气地质条件千变万化。因此，加强页岩气地质基础理论研究并深化对与页岩气相关地质问题的系统认识，抓住核心地质基础问题开展多方位的协同攻关，是中国目前急需解决的重要问题。

参 考 文 献

［1］侯瑞宁. 中石油：2017 年中国石油对外依存度达到 67.4％ ［DB/OL］. 新浪经：http://finance. si-na. com. cn/chanjing/cyxw/2018-01-16/doc-ifyqptqw0222152. shtml.

［2］彭元正，董秀成编. 中国油气产业发展分析与展望报告蓝皮书（2016-2017）［R］. 北京：中国石化出版社有限公司，2017 年 3 月：1-10.

［3］国务院办公厅. 能源发展战略行动计划（2014-2020 年）［R］. 国办发〔2014〕31 号，北京：2014年 6 月 7 日：1-5.

［4］国家自然科学基金委员会工程与材料科学部. 冶金与矿业学科发展战略研究报告 ［R］. 北京：科学出版社，2017 年 7 月第 1 版：8-9，128-129，224-225，230-231.

［5］Mark D. Zoback. Reservoir Geomechanics ［M］. Cambridge University Press：New York，7th printing 2012.

［6］Sorkhabi R. The earth's richest source rocks ［J］. GeoExpro，2009，6（6）：20-27.

［7］James Li，C. Mike Du & Xu Zhang. Critical Evaluation of Shale Gas Reservoir Simulation Approaches：Single-Porosity and Dual-Porosity Modeling ［J］. Society of Petroleum Engineers 141756，31 January-2 February 2011.

［8］EIA. International energy outlook 2011 ［EB/OL］. （2011-09-19）［2014-07-03］. http://www. eia. gov/pressroom/presentations/howard_09192011. pdf.

［9］中国国家标准化管理委员会. （GB/T 19560）煤的高压等温吸附试验方法容量法 ［S］. 北京：中国标准出版社，2004：1-16.

［10］何满潮，袁和生，靖洪文，等. 中国煤矿锚杆支护理论与实践 ［M］. 北京：科学出版社，2004.

［11］Ron Hyden，Yon Parkey，et al. Custom technology makes shale resources profitable ［J］Oil & Gas Journal，Dec. 24，2007：41-49.

［12］陈建渝，唐大卿，杨楚鹏. 非常规含气系统的研究和勘探进展 ［J］. 地质科技情报，2003，22（4）：55-59.

［13］刘洪林，王莉，王红岩，等. 国外页岩气钻完井、储层改造技术现状及我国适应性分析 ［C］. 全国油气井工程科学研究新进展与石油钻井工程技术高级研讨会，2009：102-106.

［14］王永辉，卢拥军，李永平，等. 非常规储层压裂改造技术进展及应用 ［J］. 石油学报，2012，33（S1）：149-158.

［15］蔡美峰主编. 岩石力学与工程 ［M］. 北京：科学出版社，2002.

［16］陆有忠，杨有贞，张会林. 边坡工程可靠性的支持向量机估计 ［J］. 岩石力学与工程学报，2005，24（1）：149-153.

［17］（美）陈惠发，A. F. 萨里普著，余天庆，王勋文译. 土木工程材料的本构方程（第一 & 二卷：弹性 & 塑性与建模）［M］. 武汉：华中科技大学出版社，2001.

［18］Ketter A A，Heinze J R，Daniels J L，et al. A field study in op-timizing completion strategies for fracture initiation in Bar-nett Shale horizontal wells ［J］. SPE Production & Operations，2008，23（3）：373-378.

［19］赵更新编著. 土木工程结构分析程序设计 ［M］. 北京：中国水利水电出版社，2002.

[20] 陈守雨，刘建伟，龚万兴，等. 裂缝性储层缝网压裂技术研究及应用 [J]. 石油钻采工艺，2010，32 (6)：67-71.

[21] 魏永佩. 中国大中型气田天然气的运聚特征 [J]. 石油实验地质，2002，24 (6)：490-495.

[22] 张广清，陈勉，殷有泉，等. 射孔对地层破裂压力的影响研究 [J]. 岩石力学与工程学报，2003，22 (1)：40-44.

[23] 刘波，韩彦辉（美国）编著. FLAC 原理、实例与应用指南 [M]. 北京：人民交通出版社，2005.

[24] 姜福兴主编. 矿山压力与岩层控制 [M]. 北京：煤炭工业出版社，2004.

[25] 页岩气地质与勘探开发实践丛书编委会. 北美地区页岩气勘探开发新进展 [C]. 北京：石油工业出版社，2009.

[26] 谢刚平，叶素娟，田苗. 川西坳陷致密砂岩气藏勘探开发实践新认识 [J]. 地质勘探，2014，34 (1)：44-53.

[27] 陆有忠，杨有贞，郑璐石. 浅析传统塑性位势理论与广义塑性位势理论 [J]. 岩土力学，2003，24 (S2)：207-211.

[28] 童晓光，张光亚，王兆明，等. 全球油气资源潜力与分布 [J]. 地学前缘，2014，21 (3)：1-9.

[29] 胡永全，严向阳，赵金洲. 多段压裂水平气井紊流产能模拟模型——以塔里木盆地克拉苏气田大北区块为例 [J]. 开发工程，2013，33 (1)：61-64.

[30] 卞从胜，王红军，汪泽成，等. 四川盆地致密砂岩气藏勘探现状与资源潜力评价 [J]. 中国工程科学，2012，14 (7)：74-80.

[31] 韩树刚，程林松，宁正福. 气藏压裂水平井产能预测新方法 [J]. 石油大学学报：自然科学版，2002，26 (4)：36-39.

[32] 葛家理，刘月田，姚约东. 现代油藏渗流力学原理（上）[M]. 北京：石油工业出版社，2003.

[33] 杨克明，朱宏权，叶军，等. 川西致密砂岩气藏地质特征 [M]. 北京：科学出版社，2012.

[34] Kan Wu, Jon E. Olson, Simultaneous Multifracture Treatments: Fully Coupled Fluid Flow and Fracture Mechanics for Horizontal Wells [J]. Society of Petroleum Engineers, 2014 SPE Journal, 1-10.

[35] 郭庆，张军涛，申峰，等. 鄂尔多斯盆地陆相页岩气压裂技术现状 [J]. 延安大学学报：自然科学版，2014，33 (1)：78-81.

[36] 邹才能，陶士振，侯连华，等. 非常规油气地质 [M]. 北京：地质出版社，2011.

[37] 刘树根，李智武，曹俊兴，等. 龙门山陆内复合造山带的四维结构构造特征 [J]. 地质科学，2009，44 (4)：1151-1180.

[38] 陆有忠，高永涛，吴顺川，等. 基于进化支持向量机的岩土体位移反分析 [J]. 辽宁工程技术大学学报，2006，25 (3)：381-383.

[39] Waters G, Dean B, Downie R, et al. Simultaneous hydraulic fracturing of adjacent horizontal wells in the Woodford shale [R]. SPE 119635, 2009.

[40] Mcdaniel B W. How 'Fracture Conductivity is King' & 'Waterfracs Work' can both be valid statements in the same reservoir [R]. SPE 148781, 2011.

[41] 陆有忠，高永涛，吴顺川等. 泥化夹层残余强度的支持向量机预测 [J]. 辽宁工程技术大学学报，2008，27 (1)：45-47.

[42] 赵金洲，彭瑀，李勇明，等. 高排量反常砂堵现象及对策分析 [J]. 天然气工业，2013，33 (4)：56-60.

[43] 刘振武，撒利明，巫芙蓉，等. 中国石油集团非常规油气微地震监测技术现状及发展方向 [J]. 石油地球物理勘探，2013，48：843-853.

［44］ 虎旭林，陆有忠. 基于神经网络专家系统的矿山安全事故智能辨识［J］. 四川兵工学报，2010，31（1）：111-114.

［45］ Darishchev A，Rouvroy P，Lemouzy P. On simulation of flow in tight and shale gas reservoirs［C］. SPE 163990，2013：1-17.

［46］ BP Company. BP statistical review of world energy June2013［EB/OL］.（2013-06-13）［2014-02-10］. http://www.bp.com/content/dam/bp/pdf/statistical-review/statistical_review_of_world_energy_2013.pdf.

［47］ Maggio G，Cacciola G. When will oil，natural gas，and coal peak［J］. Fuel，2012，98：111-123.

［48］ 汪华君，姜福兴，成云海，等. 覆岩导水裂隙带高度的微地震（MS）监测研究［J］. 煤炭工程，2006，3：74-76.

［49］ 吴有亮. 复杂构造地区三维微地震监测技术研究及在工程中应用［D］. 成都：成都理工大学，2007.

［50］ Towler B. World peak oil production still years away［J］. Oil & Gas Journal，2011，109（45）：91-97.

［51］ USGS. National assessment of oil and gas resources［EB/OL］.［2013-03-01］. http://energy.cr.usgs.gov/oilgas/noga/index.html.

［52］ 国土资源部油气资源战略研究中心. 全国油砂资源评价［M］. 北京：中国大地出版社，2010.

［53］ 吴奇，胥云，王腾飞，等. 增产改造理念的重大变革—体积改造技术概论［J］. 天然气工业，2012，39（3）：352-358.

［54］ 吴奇，胥云，王晓泉，等. 非常规油气藏体积改造技术—内涵、优化设计与实现［J］. 石油勘探与开发，2011，31（4）：7-16.

［55］ Cipolla C L，Mack M，Maxwell S. Reducing exploration and appraisal risk in low-permeability reservoirs using microseismic fracture mapping［C］. SPE137437，2010：1-14.

［56］ 杨金华，朱桂清，张焕芝，等. 影响未来油气勘探开发的前沿技术（Ⅰ）［J］. 石油科技论坛，2014（2）：47-55.

［57］ 杨金华，朱桂清，张焕芝，等. 影响未来油气勘探开发的前沿技术（Ⅱ）［J］. 石油科技论坛，2014（4）：51-59.

［58］ 邹才能，张国生，杨智，等. 非常规油气概念、特征、潜力及技术—兼论非常规油气地质学［J］. 石油勘探与开发，2013，40（4）：385-399.

［59］ Cipolla C L，Fitzpatrick T，Williams M J，et al. Seismic-to-simulation for unconventional reservoir develop-ment［C］. SPE 146876，2011：1-23.

［60］ Suliman B，MeekR，Hull R，et al. Variable stimulated reservoir volume（SRV）simulation：Eagle Ford shale case study［C］. SPE 164546，2013：1-13.

［61］ 邹才能，翟光明，张光亚，等. 全球常规-非常规油气形成分布、资源潜力及趋势预测［J］. 石油勘探与开发，2015，42（1）：1-13.

［62］ Chaudhary A S，Ehlig-Economides C，Wattenbarger R. Shale oil production performance from a stimulated reservoir volume［C］. SPE 147596，2011：1-21.

［63］ Agboada D，Ahmadi M. Production decline and numeri-cal simulation model analysis of the Eagle Ford shaleplay［C］. SPE 165315，2013：1-30.

［64］ 梁兵，朱广生. 油气田勘探开发中的微震监测方法［M］. 北京：石油工业出版社，2004：110-120.

［65］ Tadesse W T，John A，Najeeb A，et al. Pressure and rate analysis of fractured low permeability gas reserboirs：numerical and analytical dual-porosity models［C］. SPE163967，2013：1-20.

[66] Morris Hall. 美国俄克拉荷马州阿科马盆地减阻水和氮气压裂增产处理的地表微地震监测 [J]. 李会宪，译. 石油地质科技动态，2010（1）：75-78.

[67] Siddiqui S，Ali A，Dehghanpour H. New advances in production data Analysis of hydraulically fractured tight reservoirs [C]. SPE 162830，2012：1-38.

[68] 刘博，梁雪莉，容娇君，等. 非常规油气层压裂微地震监测技术及应用 [J]. 石油地质与工程，2016，30（1）：142-145.

[69] J. P. Harrison，J. A. Hudson. 工程岩石力学（上：原理导论）[M]. 北京：科学出版社，2009：370.

[70] 陆有忠. 益新矿混合竖井井筒垮塌机理及锚注加固技术研究 [D]. 北京：北京科技大学，2008.

[71] 汪民主编. 页岩气知识读本（中国地质调查局）[M]. 北京：科学出版社，2012.

[72] 朱凯，李娟. 页岩气致密油气水平井分段压裂对环境的影响及发展趋势 [J]. 中外能源，2016，21（3）：96-99.

[73] 卢德唐，张龙军，郑德温，等. 页岩气组分模型产能预测及压裂优化 [C]. 科学通报，2016，61（1）：94-101.

[74] 张东晓，杨婷云，吴天昊，等. 页岩气开发机理和关键问题 [C]. 科学通报，2016，61（1）：62-71.

[75] 鞠杨，杨永明，陈佳亮，等. 低渗透非均质砂砾岩的三维重构与水压致裂模拟 [C]. 科学通报，2016，61（1）：82-93.

[76] 庄苗，柳占立，王涛，等. 页岩水力压裂的关键力学问题 [C]. 科学通报，2016，61（1）：72-81.

[77] 李世海，段文杰，周东，等. 页岩气开发中的几个关键现代力学问题 [C]. 科学通报，2016，61（1）：47-61.

[78] 谢和平，高峰，鞠杨，等. 页岩气储层改造的体破裂理论与技术构想 [C]. 科学通报，2016，61（1）：36-46.

[79] 郑哲敏. 关于中国页岩气持续开发工程科学研究的一点认识 [C]. 科学通报，2016，61（1）：34-35.

[80] A. Verde & A. Ghassemi. Large-scale poroelastic fractured reservoirs modeling using the fast multipole displacement discontinuity method [J]. International Journal for Numerical and Analytical Methods in Geomechanics，2016，40：865-886.

[81] 钱七虎，戎晓力. 中国地下工程安全风险管理的现状、问题及相关建议 [J]. 岩石力学与工程学报，2008，27（4）：649-654.

[82] 王梦恕. 对岩溶地区隧道施工水文地质超前预报的意见 [J]. 铁道勘察，2004，（1）：7-10.

[83] 李术才，薛翊国，张庆松，等. 高风险岩溶地区隧道施工地质灾害综合预报预警关键技术研究 [J]. 岩石力学与工程学报，2008，27（7）：1297-1306.

[84] 刘志刚，王连忠. 应用地质力学 [M]. 北京：煤炭工业出版社，1993. 1-45.

[85] J. S. WANG，L. YONG，L. WANG，et al. Analysis of the formation mechanism of Xiamen subsea tunnel fault [C] //MEIFENG CAI，JIN′AN WANG. Proc. of boundaries of rock mechanics——recent advances and challenges for the 21st century. Taylor&Francis：Taylor&Francis Group，2008：533-537. （in Chinese）

[86] BUTTON E，BRETTEREBNER H，SCHWAB P. The application of TRT-true reflection tomography at the Unterwald tunnel in Felsbau [J]. Geophysics，2002，20（2）：51-56.

[87] 刘志刚，赵勇. 隧道隧洞施工地质技术 [M]. 北京：中国铁道出版社，2001.

[88] 陈成宗，何发亮. 隧道工程地质与声波探测技术 [M]. 成都：西南交通大学出版社，2005.

［89］ 刘志刚，刘秀峰. TSP 在隧道隧洞超前预报中的应用与发展 ［J］. 岩石力学与工程学报，2003，22（8）：1399-1402.

［90］ 何发亮，李苍松. 隧道施工期地质超前预报技术的发展 ［J］. 现代隧道技术，2001，38（3）：12-15.

［91］ KLOSE C D. Fuzzy rule-based expert system for short-range seismic prediction ［J］. Computers and Geosciences，2002，28（3）：377-386.

［92］ 陈建峰. 隧道施工地质超前预报技术比较 ［J］. 地下空间，2003，23（1）：5-9.

［93］ 王鹰，陈强，魏有仪，等. 红外探测技术在圆梁山隧道突水预报中的应用［J］. 岩石力学与工程学报，2003，22（5）：855-857.

［94］ 吴俊，毛海和，应松，等. 地质雷达在公路隧道短期地质超前预报中的应用 ［J］. 岩土力学，2003，24（增1）：154-157.

［95］ 张延新，乔兰，蔡美峰，等. 高速公路隧道开挖与支护力学行为研究 ［J］. 岩石力学与工程学报，2006，25（6）：1284.

［96］ K. -J. Shou. A Three-Dimensional Hybrid Boundary Element Method for Non-Linear Analysis of a Weak Plane Near an Under-ground Excavation ［J］. Tunneling and Underground Space Technology，2005，15（2）：215-226.

［97］ D. Sari，A. G. Pasamehmetoglu. Proposed support design，Kaletepe tunnel ［J］. Turkey.：Engineering Geology，2004，（72）：201-216.

［98］ CHRISTIAN D. Klose fuzzy rule-based expert system for shor-range scismic prediction ［J］. Computers and Geosciences，2002，28（3）：377-386.

［99］ BUTTON E，BRETTEREBNER H，SCHWAB P. The application of TRT-truereflection tomography at the Unterwald tunnel in Felsbau ［J］. Geophysics，2002，20（2）：51-56.

［100］ Sweeting，N. Warth. Predicting ahead of the Face ［J］. Tunnels&Tunneling，1998，（4）：14-20.

［101］ 何满潮，钱七虎等. 深部岩体力学基础 ［M］. 北京：科学出版社，2010.

［102］ Tan P，Jin Y，Han K，et al. Analysis of hydraulic fracture initiation and vertical propagation behavior in laminated shale formation ［J］. Fuel，2017，206：482-493.

［103］ Li Q，Chen M，Zhou Y，et al. Rock Mechanical Properties of Shale Gas Reservoir and their Influences on Hydraulic Fracture ［M］. 2013.

［104］ Blanton T. An Experimental Study of Interaction Between Hydraulically Induced and Pre-Existing Fractures ［J］. Soc. Pet. Eng. AIME，Pap.；（United States），1982，spe/doe 10847.

［105］ Teufel L W，Clark J A. Hydraulic Fracture Propagation in Layered Rock：Experimental Studies of Fracture Containment ［J］. Society of Petroleum Engineers Journal，1984，24（1）：19-32.

［106］ Beugelsdijk L J L，Pater C J D，Sato K. Experimental Hydraulic Fracture Propagation in a Multi-Fractured Medium ［C］//Spe Asia Pacific Conference on Integrated Modelling for Asset Management. 2000.

［107］ Hou B，Chen M，Wang Z，et al. Hydraulic fracture initiation theory for a horizontal well in a coal seam ［J］. Petroleum Science，2013，10（2）：219-225.

［108］ Warpinski N R，Schmidt R A，Northrop D A. In-situ stresses：the predominant influence on hydraulic fracture containment ［J］. Journal of Petroleum Technology，1982，34（34）：653-664.

［109］ Potluri N，Zhu D，Hill A. The Effect of Natural Fractures on Hydraulic Fracture Propagation ［C］//Society of Petroleum Engineers，2005.

［110］ Bahorich B，Olson J E，Holder J. Examining the Effect of Cemented Natural Fractures on Hydraulic Fracture Propagation in Hydrostone Block Experiments ［M］. 2012.

[111]　Zou Y，Zhang S，Tong Z，et al. Experimental Investigation into Hydraulic Fracture Network Propagation in Gas Shales Using CT Scanning Technology [J]. Rock Mechanics & Rock Engineering，2016，49（1）：33-45.

[112]　Daniels J L，Waters G A，Calvez J H L，et al. Contacting More of the Barnett Shale Through an Integration of Real-Time Microseismic Monitoring，Petrophysics，and Hydraulic Fracture Design [J]. 2007.

[113]　Fisher M，Wright C，Davidson B，et al. Integrating Fracture Mapping Technologies To Improve Stimulations in the Barnett Shale [J]. Spe Production & Facilities，2005，20（20）：85-93.

[114]　Sahai R. Laboratory evaluation of proppant transport in complex fracture systems [J]. Dissertations & Theses-Gradworks，2014.

[115]　Li N，Li J，Zhao L，et al. Laboratory Testing on Proppant Transport in Complex-Fracture Systems [J]. Spe Production & Operations，2017.

[116]　Wu K，Olson J E. Investigation of the Impact of Fracture Spacing and Fluid Properties for Interfering Simultaneously or Sequentially Generated Hydraulic Fractures [J]. Spe Production & Operations，2013，28（4）：427-436.

[117]　Palisch T T，Vincent M C，Handren P J. Slickwater Fracturing：Food for Thought [J]. Spe Production & Operations，2008，25（3）：327-344.

[118]　Dehghanpour，H.，Lan，Q.，Saeed，Y.，et al，2013. Spontaneous Imbibition of Brine and Oil in Gas Shales：Effect of Water Adsorption and Resulting Microfractures. Energy & Fuels. 27（6），3039-3049.

[119]　Bond，A. J.，Zhu，D.，Kamkom，R.，& Hill，A. D.：The effect of well trajectory on horizontal well performance [C]. Presented at International Oil & Gas Conference and Exhibition in China，Beijing China，5-7 December 2006. Society of Petroleum Engineers，SPE-104183-MS. http://dx. doi. org/10. 2118/104183-MS.

[120]　Dassault Systèmes Simulia Corp.：Abaqus user's manual，Vol. 2：Analysis，Version 6. 10 [S]. Dassault Systems：Vélizy-Villacoublay，France，2010，10. 2. 1-1-10. 2. 3-10.

[121]　Franquet，J. A.，Krisadasima，S.，Bal，A.，& Pantic，D. M.：Critically-stressed fracture analysis contributes to determining the optimal drilling trajectory in naturally fractured reservoirs [C]. Presented at International Petroleum Technology Conference，Kuala Lumpur，Malaysia，3-5 December 2008. IPTC-12669-MS. http://dx. doi. org/10. 2523/IPTC-12669-MS.

[122]　Himmerlberg，N.，& Eckert，A.：Wellbore trajectory planning for complex stress states [C]. Presented at 47th U. S. Rock Mechanics/Geomechanics Symposium，San Francisco，California，USA，23-26 June. ARMA-2013-316.

[123]　Manchanda，R.，Roussel，N. P.，& Sharma，M. M.：Factors influencing fracture trajectories and fracturing pressure data in a horizontal completion [C]. Presented at 46th U. S. Rock Mechanics/Geomechanics Symposium，Chicago，Illinois，USA，24-27 June 2012. ARMA-2012-633.

[124]　Owen，DRJ and Hinton，E.：Finite elements in plasticity：theory and practice [M]. Pineridge Press Limited：Swansea，UK，1980：164-179.

[125]　Swoboda，G.，Shen，X. P. and Rosas L. Damage model for jointed rock mass and its application to tunneling [J]. Computer and Geotechnics. 1998，22（3/4）：183-203.